智能系统与技术丛书

深度学习嵌入式应用开发

基于RK3399Pro和RK3588

王曰海◎著

Deep Learning
Embedded Application
Development
with RK3399Pro and RK3588

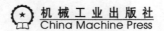

机械工业出版社
China Machine Press

图书在版编目（CIP）数据

深度学习嵌入式应用开发：基于 RK3399Pro 和 RK3588 / 王曰海著 . —北京：机械工业出版社，2022.9（2025.1 重印）

（智能系统与技术丛书）

ISBN 978-7-111-71575-7

I. ① 深… Ⅱ. ① 王… Ⅲ. ① 微处理器 - 系统开发 Ⅳ. ① TP332

中国版本图书馆 CIP 数据核字（2022）第 167680 号

深度学习嵌入式应用开发

基于 RK3399Pro 和 RK3588

出版发行：机械工业出版社（北京市西城区百万庄大街 22 号 邮政编码：100037）			
责任编辑：罗词亮		责任校对：张亚楠 李 婷	
印　　刷：北京建宏印刷有限公司		版　　次：2025 年 1 月第 1 版第 3 次印刷	
开　　本：186mm×240mm　1/16		印　　张：15	
书　　号：ISBN 978-7-111-71575-7		定　　价：99.00 元	

客服电话：（010）88361066 68326294

PREFACE

前　言

为何写作本书

近年来，人工智能如火如荼地发展，并在计算机视觉、自然语言处理等诸多应用领域取得显著成果。人工智能的发展依赖于深度学习算法、高质量大数据和高性能计算三大要素。在初始阶段，人工智能的开发和应用主要集中在云端，通常通过服务器进行算法部署。但是云侧智能存在数据安全、隐私保护等问题，服务器部署在实际应用场景中也存在成本高、便捷性差等缺点。同时，随着越来越多的开发者从事人工智能开发，构建更低成本、更便捷、更开放的人工智能开发平台和生态变得十分迫切。

因此，人们开始研究和探索能否将人工智能算法与应用部署在终端。但是终端 CPU 的算力和功耗指标通常无法满足人工智能应用的需求。随着人工智能芯片的研发成功，搭载人工智能芯片的嵌入式神经网络处理器（NPU）能够以低功耗进行高速运算，于是端侧智能得以迅速发展并形成一个繁荣的应用生态。端侧智能将人工智能算法和应用部署在手机、嵌入式设备等端侧设备上。相比云侧智能，使用 NPU 来进行人工智能运算具有更好地保护数据隐私、更低时延、便于部署、节省计算资源等优势。对于开发者来讲，端侧智能更加易于上手，成本更低，因此越来越多的开发者加入端侧智能开发队伍并合力构建其生态。英特尔、苹果等公司纷纷在端侧智能设备上发力，国内也涌现出诸如华为昇腾、瑞芯微 RK3399Pro 及 RK3588 等优秀的端侧人工智能芯片。

优秀的端侧人工智能设备，除了需要有具备强大算力的 NPU 外，还需要能够支持主流的深度学习框架，拥有功能丰富的开发工具和丰富的开发案例。我在科研、教学与生产中了解和使用了瑞芯微推出的高性能人工智能开发板 TB-RK3399Pro 和

TB-RK3588X，这两个开发板集软硬件开发于一体：在硬件方面拥有同类芯片领先的、具备强大算力的 NPU，同时集成了 CPU、GPU、VPU、RGA 等单元；在软件方面支持 Caffe、TensorFlow、PyTorch 等深度学习框架，同时拥有 RKNN-Toolkit 开发工具，支持模型转换、模型量化、算子开发、模型可视化等功能，还拥有丰富的人工智能教学案例和开源社区。

在 RK3399Pro 的发展和使用过程中，社区积累了丰富的案例和资源，因此我萌生了基于 RK3399Pro 介绍深度学习和端侧人工智能开发的想法。我注意到：市面上的深度学习图书大多侧重于介绍基本概念和原理，缺少实践和案例；而介绍端侧人工智能开发平台的图书大多类似于用户手册或实验手册，往往只告诉用户如何操作，缺乏对背后原理的讲解。因此我想结合深度学习的基本原理，基于 RK3399Pro 的深度学习实践，将理论和实践结合起来，写一本集算法知识、趣味性和实践于一体的图书，让深度学习的入门者、RK3399Pro 的开发者深入地了解深度学习和端侧人工智能。

本书读者对象

本书适合深度学习的初学者阅读。本书的内容包括深度学习基本原理和基于 RK3399Pro 的深度学习实践，理论结合实践，既能帮助初学者掌握深度学习的基本概念、原理和算法，又能让读者通过丰富的开发案例增强学习兴趣，提高实践能力。同时，本书也适合人工智能开发者阅读。本书虽然基于 RK3399Pro 讲解深度学习实践，但读者不必局限于特定的硬件设备，重在掌握从算法原理到模型设计、训练、部署的完整环节，提高深度学习算法和应用的开发能力。此外，本书还可以作为 RK3399Pro 和 RK3588 的参考手册。

本书特色

本书在内容上将深度学习的理论和实践紧密结合，核心内容不是深度学习的详细知识，而是如何基于 RK3399Pro 进行深度学习的实践。因此本书并未详细介绍深

度学习的具体知识，而是介绍了深度学习的基本概念、原理和方法，并告诉读者如
何训练一个深度学习模型，如何高效使用开发工具，如何调优模型。本书较为详细
地介绍了如何基于 RK3399Pro 搭建开发环境、训练模型，以及进行模型的推理和部
署，实践内容涵盖卷积神经网络和循环神经网络，包含图像分类、目标检测、语音
识别等经典算法的应用。此外，本书包含了大量的深度学习案例，读者可以通过简
单的命令调用 Rock-X API 这一快捷 AI 组件库，实现人脸检测、人脸识别、活体检
测、人体骨骼关键点检测、手指关键点检测等功能，并将其组合起来用于开发各种
个性化的应用。

本书主要内容

本书共 11 章，主要包含三方面内容：深度学习基础知识、基于 RK3399Pro 的端
侧智能开发、Rock-X API 组件库开发与 TB-RK3588 X 开发板介绍。

第 1 ~ 4 章　深度学习基础知识

第 1 章介绍深度学习的发展历史和现实应用，以及构成深度学习的数学理论基
石：优化算法和神经网络。

第 2 章和第 3 章分别介绍卷积神经网络、循环神经网络这两种主流深度神经网
络及其变体，并介绍深度神经网络在图像分类、自然语言处理、语音识别等领域的
经典算法。

第 4 章介绍如何进行深度神经网络的训练以及如何改善模型的表现。此外，还
介绍如何使用两个好用的工具：高效的网页代码编辑器 Jupyter Notebook 和训练可视
化工具 TensorBoard。

第 5 ~ 9 章　基于 RK3399Pro 的端侧智能开发

第 5 章介绍 RK3399Pro 人工智能芯片的功能与架构。

第 6 章介绍 TB-RK3399Pro 开发板以及如何搭建其开发环境。

第 7 章介绍在 TB-RK3399Pro 平台上进行手写数字识别、目标检测和人脸识别
等卷积神经网络的开发。

第 8 章介绍如何利用 NPU 进行神经网络运算加速，以及如何完成模型部署、推理、量化等。

第 9 章基于语音识别案例，介绍在 TB-RK3399Pro 平台上进行循环神经网络实战。

通过这 5 章的学习，读者将掌握深度学习模型从设计、训练、优化到端侧部署的完整流程。

第 10 章和第 11 章 Rock-X API 组件库开发与 TB-RK3588X 开发板介绍

第 10 章介绍如何使用 Rock-X API 这一快捷 AI 组件库来进行深度学习开发。开发者仅需要调用几个 API 即可在嵌入式产品中离线使用该组件库的功能，而无须关心 AI 模型的部署细节，从而极大加快产品的原型验证和开发部署。Rock-X API 组件库包含人脸检测、人脸识别、活体检测、人脸属性分析、人脸关键点检测、人头检测、人体骨骼关键点检测、手指关键点检测、人车物检测等功能，开发者能够以很低的门槛和开发成本完成人工智能应用的开发。

第 11 章介绍了采用瑞芯微新一代人工智能芯片 RK3588 的 TB-RK3588X 开发板。

资源和勘误

本书中基于 RK3399Pro 和 RK3588 的深度学习实践案例多基于经典开源算法实现，这些实现已在书中给出主要代码，完整代码可以访问案例中给出的链接查看。此外，RK 系列开发平台拥有自己的开源社区 Toybrick（https://t.rock-chips.com/forum.php），读者可以在社区中更详细地了解开发平台和一些技术细节。

本书虽经过多轮审读与校对，但由于作者能力有限，书中难免存在不足，恳请广大读者批评指正。如果你有任何意见或建议，欢迎发送邮件至邮箱 yfc@hzbook.com。

王曰海

目 录

第 1 章

深度学习基础

当前人工智能正在如火如荼地发展，取得了众多技术和应用上的重大突破。在了解和学习人工智能前，我们首先回顾一下人工智能发展的历史。人工智能的发展总共经历过三次浪潮。

第一次人工智能浪潮出现在 20 世纪 50 年代。1956 年，约翰·麦卡锡在达特茅斯人工智能研讨会议上正式提出"人工智能"概念 [1]。但是，当时的人工智能存在计算机性能不足、问题较复杂、数据严重缺失等问题。

随着计算机和大数据的发展，人工智能迎来第二次浪潮。1997 年 5 月 11 日，由 IBM 研发的计算机系统"深蓝"战胜了国际象棋世界冠军卡斯帕罗夫 [2]，引发了人们对 AI 话题的热烈讨论，这是人工智能发展史上的一个重要里程碑。这一时期大量专家系统被开发出来，但是专家系统仍存在应用领域狭窄、知识获取困难、推理方式单一等问题。

2016 年，谷歌旗下的 DeepMind 公司开发的 AlphaGo [3] 在和围棋世界冠军李世石的围棋人机大战中，以 4：1 的总比分获胜，成为第一个击败人类职业围棋选手、第一个战胜围棋世界冠军的机器人。自此，深度学习、人工智能进一步为大众所熟知，人工智能迎来第三个发展高峰。在第三次浪潮中，人工智能技术及应用有了很大的提高，深度学习算法的突破居功至伟。

本章首先会介绍深度学习的现实应用，包含深度学习在计算机视觉、自然语言处理、推荐系统、语音处理、自动驾驶等主要领域的重要应用；接着，以深度学习中的两大任务——回归问题和分类问题——为入口，探讨和研究深度学习的基本原理、方法和应用，介绍对深度学习发展起到巨大推动作用的梯度下降算法；最后，了解和学习神经网络，学习反向传播等经典算法，并学习如何进行神经网络的训练。

1.1 深度学习的现实应用

随着数据的爆炸式增长和深度学习技术的发展，深度学习在现实中得到广泛应用。下面将介绍深度学习在几个重要领域的应用。

1.1.1 计算机视觉

计算机视觉（Computer Vision，CV）是研究计算机或机器处理视觉角色的领域，维基百科对计算机视觉的定义是：计算机视觉是指用摄像机和计算机代替人眼对目标进行识别、跟踪和测量等，并进一步做图像处理，用计算机处理成更适合人眼观察或传送给仪器检测的图像。

传统的计算机视觉有着悠久的发展历史，随着深度学习的发展，基于深度学习的计算机视觉取得巨大进展，计算机在图像分类、目标检测、图像分割、目标跟踪等领域取得了接近甚至超越人类的表现并得到广泛应用。例如：在模式识别领域，基于深度学习的人脸识别、文字识别、车辆车牌识别、医学图像分析等均取得巨大成果；在VR/AR、3D重构等其他领域，基于深度学习的计算机视觉也有用武之地。

1.1.2 自然语言处理

自然语言处理（Natural Language Processing，NLP）是指创造能够处理或者理解人类语言以完成特定任务的系统，这些任务通常包括问答系统、情感分析、机器翻译、语言识别、词性标注和命名识别等。自然语言处理研究人与计算机之间如何用自然语言进行有效通信和交流。将人类语言输入计算机使其变成计算机能够理解和处理的符号与关系，这一过程通常被称为自然语言认知和理解；将计算机数据转化为人类能够理解的自然语言，这一过程被称为自然语言生成。

近年来, 深度学习技巧纷纷出炉, 在自然语言处理方面获得优异成果, 例如 DCNN[4]、BERT[5] 等模型在文本分类任务中取得优异表现, 基于注意力机制的机器翻译也有非常不错的性能。

1.1.3 推荐系统

推荐系统是一种信息过滤系统, 用于预测用户对物品的评分或偏好。推荐系统近年来非常流行, 被广泛应用于各行各业, 比如淘宝向顾客推荐商品, 抖音向用户推荐其可能喜欢的作品等。推荐的对象可以是美食、电影、音乐、新闻等各种产品。在信息爆炸时代, 推荐系统能够通过过滤无效信息, 缓解信息过载问题, 并为用户提供个性化的产品和服务。

近些年来, 基于深度学习的推荐算法进步显著, 比如基于卷积神经网络、深度置信网络等的推荐系统已经被广泛商用。

1.1.4 语音处理

深度学习在语音处理领域也有重要应用。苹果的 Siri 等智能助手可以和用户通过语音交流, 其中就应用了自动语音识别等语音处理技术。人类对于语音信号处理的研究有着漫长的历史, 比如短时傅里叶变换对音频信号的处理、基于梅尔频谱的人声分析等。近年来深度学习技术也被广泛用于语音处理领域, 基于深度学习的语音处理技术得到巨大发展。比如科大讯飞的会议转录软件、小米的智能音箱都采用了基于深度学习的语音识别技术; 苹果、华为等公司的降噪耳机中也有基于深度学习的语音降噪技术, 能够在复杂场景下取得优秀的降噪性能。

1.1.5 其他领域

深度学习进步的另一个标志是自动驾驶汽车的发展。自动驾驶汽车领域已经从辅助驾驶发展到具有高度自主性的自动驾驶, 国外的 Tesla、Waymo, 国内的百度、小鹏汽车等公司都已研发和发布自动驾驶汽车产品。自动驾驶汽车领域广泛使用了深度学习技术, 目前主要将其应用在计算机视觉和控制部分, 如基于激光雷达等的三维目标检测、基于深度学习的自主决策和控制系统。

　　自动驾驶是现代技术的集大成者，结合了芯片技术、通信技术、人工智能、车辆控制技术等。目前自动驾驶技术仍然处在发展阶段，距离实现完全自主的无人驾驶仍然有很长的一段路要走，而深度学习势必将在自动驾驶中发挥更加重要的作用。

1.2　回归问题和分类问题

　　深度学习是机器学习的一个分支。机器学习有两大主要任务：一是预测数值型数据，即回归问题；二是将实例数据进行类别划分，即分类问题。

　　（1）回归

　　回归用于预测输入变量和输出变量之间的关系，回归模型正是表示从输入变量到输出变量之间映射关系的函数。回归模型可以输出一个具体的结果，例如对房价进行回归，可以根据历史价格、位置、周边配套设置等维度的数据给出一个预测房价。

　　（2）分类

　　分类是判断输入所属的类别，分类模型的输出一般是一个离散值。生活中有很多分类的应用，比如垃圾邮件识别、保险用户分类、图像分类等，就是在学习数据集不同类别数据分布特性的基础上做出分类选择。

　　回归和分类问题既存在区别，也有共同点。

- ❑ 区别：回归和分类的预测目标变量类型不同，回归问题预测的是连续变量，分类问题预测的是离散变量。
- ❑ 共同点：分类模型和回归模型都需要建立映射关系，两者的本质是一样的。实际应用中，两者通常也可以相互转化，分类模型可将回归模型的输出离散化，回归模型也可将分类模型的输出连续化。

　　下面将通过线性回归和 Softmax 分类两个经典模型详细介绍回归问题与分类问题。

1.2.1 线性回归

线性回归输出的是一个连续值，属于回归问题。下面首先以线性回归为例，介绍大多数深度学习模型的基本要素和表示方法。

1. 模型定义

在二元一次方程中，将 y 作为因变量，x 作为自变量，得到方程

$$y = wx + b \qquad\qquad (1\text{-}1)$$

函数 $y = wx + b$ 的图像是一条直线，这也就是线性回归中"线性"的含义。

使用一个变量 x 来预测 y 叫作一元线性回归，即寻找一条直线来对数据进行拟合。如图 1-1 所示，我们使用线性回归来拟合某公司销售量和广告投入之间的关系，散点图中横坐标代表广告投入金额，纵坐标代表销售量。线性回归寻找一条直线，让该直线尽可能地拟合图中的数据点。

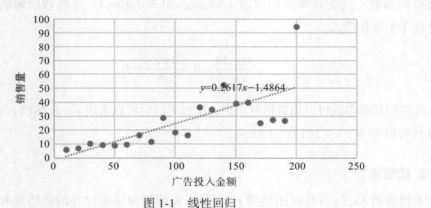

图 1-1 线性回归

2. 模型训练

（1）数据准备

首先准备训练数据。通常会收集一些真实数据，如投入广告金额和对应的销售量。这些数据被称为训练集，一组数据称为一个样本，其中真实销售量被称为标签。假设采集的样本数为 n，其中索引为 i 的样本为 (x_i, y_i)，模型对其的预测值记为 $\hat{y}_i$，

则有 $\hat{y}_i = wx_i + b$。

（2）损失函数

在模型训练中，需要衡量价格预测值与真实值之间的误差。通常会选取一个非负数作为误差，称为损失函数（Loss Function），数值越小表示误差越小。以平方函数为例，损失函数为

$$l(w,b)_i = \frac{1}{2}(\hat{y}_i - y_i)^2 \qquad （1\text{-}2）$$

（3）优化算法

当模型损失函数形式较为简单时，误差最小化问题的解可以直接用公式表达出来。这类解叫作解析解（Analytical Solution）。上面使用的线性回归和平方误差属于这个范畴。通过式（1-3）求出二元函数的极值即可得到最终的参数 (w, b)。然而大多数深度学习模型并没有解析解，只能通过优化算法经过有限次迭代模型参数来最小化损失函数。这类解叫作数值解（Numerical Solution）。求解数值解的相关优化算法将在 1.3 节介绍。

$$\frac{\partial l(w,b)}{\partial w} = 0, \frac{\partial l(w,b)}{\partial b} = 0 \qquad （1\text{-}3）$$

线性回归的参数可以用解析解求出，比如本例中可以求出 $w = 0.2617$，$b = -1.4864$，则得到的模型为 $y = 0.2617x - 1.4864$。

3. 模型预测

求得参数 (w, b) 后可以用模型 $y = wx + b$ 来预测训练集以外的销售量和广告投入的关系。比如图 1-1 中展示了模型 $y = 0.2617x - 1.4864$ 的图像，可以用该模型预测除训练数据以外的销售量和广告投入的关系。通常训练的数据越多、质量越好，得到的模型参数越准确，预测值也会越准确。

1.2.2　Softmax 分类

Softmax 分类器通常用于多分类。Softmax 分类与线性回归一样，将输入特征与

权重进行线性叠加，但它与线性回归的区别在于，它的输出值个数等于标签的类别数。Softmax 分类器可以看作逻辑回归（Logistic Regression，LR）分类器面对多分类任务的一般化变形。Softmax 计算简单，结果容易理解，在机器学习和卷积神经网络中应用很广。

1. Softmax 函数定义

假设有一个数组 V，总共有 T 个元素，V_i 是其第 i 个元素，那么这个元素的 Softmax 值为

$$S_i = \frac{e^{V_i}}{\sum_j^T e^{V_j}}$$

（1-4）

也可以将某个元素的 Softmax 函数值理解为该元素的指数与所有元素指数和的比值。

以图像分类为例，将每一张图像的像素作为输入 x_i，通过线性得分函数 $f(x_i,w,b) = w \cdot x_i + b$ 获得分类的原始得分。再次假设有 3 个类别，得分为 [1,2,3]，那么使用 Softmax 函数计算可以得到三类的概率。属于第一类的概率为 $\frac{e^1}{e^1 + e^2 + e^3} = 0.0900$，属于第二类的概率为 $\frac{e^2}{e^1 + e^2 + e^3} = 0.2447$，属于第三类的概率为 $\frac{e^3}{e^1 + e^2 + e^3} = 0.6652$。属于第三类的概率最大，可能性也最大。

2. Softmax 分类的损失函数

损失函数（Loss Function）是用来评测模型预测值 $f(x)$ 与真实值 Y 的相似程度的函数，损失函数越小，模型的精度越高。深度学习在训练模型时通过最小化损失函数，迭代学习模型参数，使得预测值与真实值无限接近。

Softmax 分类的损失函数为

$$L = -\sum_{i=1}^T y_i \log S_i$$

（1-5）

其中 S_i 是 Softmax 的输出向量 S 的第 i 个值，表示该样本属于第 i 个类别的概率。将 Softmax 函数代入损失函数可以得到

$$L = -\sum_{i=1}^{T} y_i \log \frac{e^{V_i}}{\sum_{j}^{T} e^{V_j}} \qquad (1\text{-}6)$$

y_i 前有求和符号，j 的范围是类别 1 到类别 T，因此 y 是一个 1*T 的向量，里面的 T 个值中有且只有一个值是 1。真实标签对应位置的那个数值是 1，其他都是 0。

1.3　梯度下降算法

在 Softmax 分类问题中我们定义了一个损失函数，通过最小化损失函数求得最优的值，从而使得预测值和真实值最接近。在深度学习问题中，通常都会预先定义一个损失函数。有了损失函数以后，就可以使用优化算法将其最小化。

在优化中，这样的损失函数通常被称作优化问题的目标函数（Objective Function）。依据惯例，优化算法通常只考虑最小化目标函数。对于任何最大化问题，只需要令目标函数的相反数为新的目标函数，就可以转化为最小化问题。

1.3.1　优化算法概述

优化是数学的一个重要分支，也是机器学习的核心算法。对于机器学习或者深度学习来讲，优化算法的目标就是在模型表征空间中找到模型评估指标最好的模型。随着大数据和深度学习的迅猛发展，在实际应用中通常面临的是大规模、高度非凸的优化问题，因此优化算法的研究变得重要。虽然优化算法有着悠久的研究历史，但是在深度学习框架中普遍使用的优化算法大部分是近几年才提出的，比如 Adam 优化算法[6] 等，这也恰恰说明优化算法是一门既古老又年轻的学科。

针对不同的优化问题和应用问题，人们提出了许多不同的优化算法，并逐渐发展出了凸优化等理论研究领域。经典的优化算法可以分为直接法和迭代法两大类。

1. 直接法

直接法要求目标函数满足两个条件，第一个条件是目标函数 L 是凸函数。若 L 是凸函数，那么解空间 θ 中的一个解 θ^* 是最优解的充分必要条件是 L 在 θ^* 处的梯度为 0，即

$$\nabla L(\theta^*) = 0 \qquad (1\text{-}7)$$

第二个条件是上面的式子有闭式解。

直接法对目标函数的限定条件限制了其应用范围，因此在很多问题中会采用迭代法。迭代法是迭代地修正对最优解的估计。

2. 迭代法

假设当前对最优解的估计值为 θ_t，希望求解优化问题

$$\delta_t = \mathrm{argmin} L(\theta_t + \delta) \qquad (1\text{-}8)$$

以得到更好的估计值 $\theta_{t+1} = \theta_t + \delta_t$，其中 $\mathrm{argmin}L$ 表示要最小化损失函数，δ 表示补正值。

迭代法可以分为一阶法和二阶法。一阶法的迭代公式为

$$\theta_{t+1} = \theta_t - \alpha \nabla L(\theta_t) \qquad (1\text{-}9)$$

其中，θ_t 为第 t 步中的参数估计值，$\nabla L(\theta_t)$ 为损失函数的梯度值，α 被称为学习率。一阶法也被称为梯度下降法，是本节要着重介绍的优化算法。梯度就是目标函数的一阶信息。

二阶法的迭代公式为

$$\theta_{t+1} = \theta_t - \nabla^2 L(\theta_t)^{-1} \nabla L(\theta_t) \qquad (1\text{-}10)$$

二阶法也被称为牛顿法，∇^2 为海森（Hessian）矩阵，也即目标函数的二阶信息。虽然二阶法的收敛速度一般要远快于一阶法，但是在高维情况下，海森矩阵求逆计算的复杂度很高，而且当目标函数非凸时，二阶法有可能会收敛到鞍点（Saddle Point）。图 1-2 所示为函数 $z = x^2 - y^2$ 在 $(0,0)$ 处的鞍点情况。

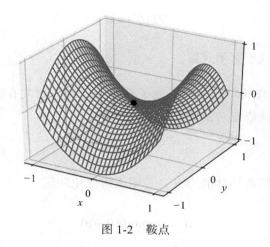

图 1-2 鞍点

1.3.2 随机梯度下降算法

当面临高维参数空间时，二阶迭代法需要巨大的计算量，而深度学习需要优化的参数维度和数量通常都特别大，因此当前深度学习常用的优化算法主要是梯度下降算法。本节首先介绍经典的批梯度下降算法和随机梯度下降算法[7]。

1. 批梯度下降算法

在批梯度下降算法（Batch Gradient Descent）中，假设目标函数 $f: R^d \to \mathbb{R}$ 的输入是一个 d 维的向量 $\boldsymbol{x} = [x_1, x_2, x_3, \cdots, x_d]^T$。

目标函数 f 关于 $\boldsymbol{x}$ 的梯度是一个由 d 个偏导数组成的向量：

$$\boldsymbol{\nabla} f(x) = \left[\frac{\partial f(x)}{\partial x_1}, \frac{\partial f(x)}{\partial x_2}, \frac{\partial f(x)}{\partial x_3}, \cdots, \frac{\partial f(x)}{\partial x_d} \right]^T \tag{1-11}$$

方向导数可表示为

$$D_u f(x) = \boldsymbol{\nabla} f(x) \cdot \mu \tag{1-12}$$

其中 μ 为该方向的单位向量。为了最小化 $f(x)$，我们希望找到 f 被降低最快的方向，而局部下降最快的方向就是梯度的负方向。当 μ 在梯度方向 $\boldsymbol{\nabla} f(x)$ 的相反方向时，方向导数 $D_u f(x)$ 被最小化，因此可以通过梯度下降算法来不断降低目标函数的 f 值：

$$x \leftarrow x - \eta \nabla f(x) \qquad (1\text{-}13)$$

上面公式中的下降速率 η（取正数）通常被称为学习率。我们以最小化二维函数 $f(x) = x_1^2 + 3x_2^2$ 为例描述使用梯度下降优化的过程[8]，该函数的全局最小值在 $(0,0)$ 处取到。

令函数从 $(-6,-3)$ 迭代 20 次到达全局最小值点 $(0,0)$，学习率设置为 0.1。批梯度下降算法的示意图如图 1-3 所示。

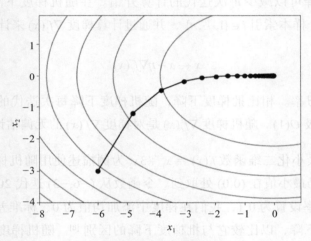

图 1-3　批梯度下降算法的示意图

2. 随机梯度下降算法

当前在深度学习的应用中，直接使用批梯度下降并不多见，因为深度学习训练数据巨大，使用所有样本迭代的批梯度下降算法的运算量和时间消耗通常较大。通常会使用随机梯度下降算法（Stochastic Gradient Descent, SGD）。随机梯度可以看作对梯度的一个良好估计。

在深度学习里，需要最小化的目标函数通常是训练数据集中有关各个样本的平均损失函数。设 $f_i(x)$ 是有关索引为 i 的训练数据样本的损失函数，n 是训练数据样本数，x 是模型的参数向量，那么目标函数定义为

$$f(x) = \frac{1}{n} \sum_{i=1}^{n} f_i(x) \qquad (1\text{-}14)$$

目标函数在 x 处的梯度计算为

$$\nabla f(x) = \frac{1}{n}\sum_{i=1}^{n}\nabla f_i(x) \tag{1-15}$$

如果使用批梯度下降算法，每次自变量迭代的计算复杂度为 $O(n)$，随着训练样本数 n 线性增长。因此，当训练数据样本数很大时，批梯度下降每次迭代的计算开销很高。

随机梯度下降可以减少每次迭代的计算开销。在随机梯度下降的每次迭代中，随机均匀采样一个样本索引 $i\in\{1,\cdots,n\}$，并通过计算梯度 $\nabla f_i(x)$ 来计算 x：

$$x \leftarrow x - \eta\nabla f_i(x) \tag{1-16}$$

其中 η 是学习率。相比批梯度下降，随机梯度下降每次迭代的计算开销从线性 $O(n)$ 降到了常数级 $O(1)$。随机梯度 $\nabla f_i(x)$ 是对梯度 $\nabla f(x)$ 的无偏估计。

我们还是以最小化二维函数 $f(x) = x_1^2 + 3x_2^2$ 为例描述使用随机梯度下降优化的过程，该函数的全局最小值在 $(0,0)$ 处取到。令函数从 $(-6,-3)$ 迭代 20 次到达全局最小值点 $(0,0)$，学习率设置为 0.1，我们在梯度中添加均值为 0、标准差为 1 的随机噪声来模拟随机梯度下降，以比较它与批梯度下降的区别[8]。随机梯度下降算法的示意图如图 1-4 所示。

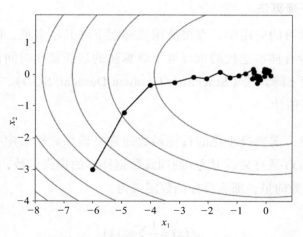

图 1-4   随机梯度下降算法的示意图

对比图 1-4 与图 1-3，可以看到相比批梯度下降算法，由于受到噪声影响，随机梯度下降算法中自变量的迭代轨迹更为曲折。在深度学习的实际训练中，这些噪声通常指训练集中的干扰。

1.3.3　小批量梯度下降算法

批梯度下降算法每次对所有样本进行梯度更新，随机梯度下降算法每次均匀采样一个样本，它们可以看作两个极端，各自的优缺点都比较突出。

我们在深度学习的训练中，通常希望训练耗时较少，同时模型能取得较高的精度。从训练速度来看，随机梯度下降算法每次仅仅采用一个样本来进行迭代，训练速度很快，而批量梯度下降算法在训练样本量很大时，训练速度较慢。从模型的收敛速度来看，随机梯度下降算法每次只利用一个样本迭代更新参数，导致迭代方向变化很大，不一定能很快收敛到局部最优解，批量梯度下降算法收敛的震荡则较小。从训练精度来看，随机梯度下降算法仅仅用一个样本决定梯度方向，导致解很有可能不是最优解，而批梯度算法的梯度方向由整体样本数据决定，梯度下降解通常比较稳定，但是由于震荡较小，解也可能陷入局部最优值附近。

批梯度下降算法的震荡较小，但是速度较慢，而且容易陷入局部最优点。随机梯度下降算法速度较快，但是会带来易震荡的缺点。实际训练中，通常会在训练速度和收敛的稳定性之间权衡，如果选择介于 1 和最大训练数据量之间的一个样本批次数据量进行训练，就叫作小批量（Mini-Batch）梯度下降。

小批量梯度下降算法是批量梯度下降算法和随机梯度下降算法的折中，也就是对于 n 个样本，每次采用 B 个样本来迭代，$1<B<n$。

将迭代开始前的时间步设为 0。接下来的每一个时间步 $t>0$ 中，小批量随机梯度下降算法随机均匀采样一个由训练数据样本索引组成的小批量 B_t，计算时间步 t 的小批量 B_t 上目标函数位于 x_{t-1} 处的梯度 g_t。

$$g_t \leftarrow \nabla f_{B_t}(x_{t-1}) = \frac{1}{|B|}\sum_{i \in B_t}\nabla f_i(x_{t-1}) \qquad (1\text{-}17)$$

重复采样所得的小批量随机梯度 g_t 也是对梯度 $\nabla f(x_{t-1})$ 的无偏估计。给定学习率

η_t，小批量随机梯度下降算法中自变量的迭代公式为

$$x_t \leftarrow x_{t-1} - \eta_t g_t \qquad (1\text{-}18)$$

1.3.4　Momentum 梯度下降算法

梯度下降算法中，目标函数有关自变量的梯度负方向代表了目标函数在自变量当前位置下降最快的方向。在每次迭代中，梯度下降算法根据自变量当前位置，沿着当前位置的梯度负方向更新自变量。然而，如果自变量的迭代方向仅仅取决于自变量当前位置，这可能会带来下面一些问题。

一方面，每一轮迭代使用的训练数据一般是小批量的，没有使用全部的训练数据，因此更新方向会发生锯齿状甚至随机震荡状；另一方面，某些梯度分量的值比另一些分量的值要大得多，导致个别分量主导了梯度的更新方向，而期望的梯度更新方向却变化非常缓慢。Momentum 梯度下降算法[7] 被提出来解决这一问题。

设时间步 t 的小批量 B_t 上目标函数位于 x_{t-1} 处的梯度仍然为 g_t，g_t 可以由下面的公式计算得到。

$$g_t \leftarrow \nabla f_{B_t}(x_{t-1}) = \frac{1}{|B|} \sum_{i \in B_t} \nabla f_i(x_{t-1}) \qquad (1\text{-}19)$$

在时间步 0，Momentum 算法创建速度变量 v_0，并将其元素初始化为 0。在时间步 $t>0$，Momentum 算法对每次迭代的步骤做如下修改：

$$v_t \leftarrow \gamma v_{t-1} + \eta_t g_t \qquad (1\text{-}20)$$
$$x_t \leftarrow x_{t-1} - v_t \qquad (1\text{-}21)$$

其中，超参数 γ 满足 $0 \leqslant \gamma < 1$。当 $\gamma = 0$ 时，Momentum 算法等价于小批量随机梯度下降算法。

Momentum 算法运用了指数加权移动平均的思想，它对过去时间步的梯度做了加权平均，且权重按时间步指数衰减。Momentum 算法可以使相邻时间步的自变量更新在方向上更加一致。

1.3.5 Adam 优化算法

Adam 优化算法 [6] 是最近几年提出的优化器算法，也在各个深度学习框架中被广泛使用。Adam 算法使用了 Momentum 算法中的变量 v_t 和 RMSProp 算法中指数加权移动平均变量 s_t，并在时间步 0 将它们中的每个元素初始化为 0。首先，给定超参数 $0 \leqslant \beta_1 < 1$，时间步 t 的动量变量为 v_t，小批量随机梯度为 g_t，v_t 的更新公式为

$$v_t \leftarrow \beta_1 v_{t-1} + (1-\beta_1)g_t \qquad (1\text{-}22)$$

其次，给定超参数 $0 \leqslant \beta_2 < 1$，对小批量随机梯度 g_t 按元素平方后的项 $g_t \odot g_t$ 做指数加权移动平均，得到 s_t，s_t 即梯度平方的指数加权和。

$$s_t \leftarrow \beta_2 s_{t-1} + (1-\beta_2)g_t \odot g_t \qquad (1\text{-}23)$$

再次，进行偏差修正，将 v_0 和 s_0 中的元素都初始化为 0，在时间步 t 得到

$$v_t = (1-\beta_1)\sum_{i=1}^{t} \beta_1^{t-i} g_i \qquad (1\text{-}24)$$

接着，将过去各时间步的小批量随机梯度的权值相加，得到 $(1-\beta_1)\sum_{i=1}^{t}\beta_1^{t-i} = 1-\beta_1^t$。对于任意时间步 t，对 v_t 和 s_t 均作偏差修正，来消除 t 较小时过去各时间步小批量随机梯度权值之和较小带来的偏差影响。

$$\hat{v}_t \leftarrow \frac{v_t}{1-\beta_1^t} \qquad (1\text{-}25)$$

$$\hat{s}_t \leftarrow \frac{s_t}{1-\beta_2^t} \qquad (1\text{-}26)$$

然后，Adam 算法使用经过偏差修正后的变量 $\hat{v}_t$ 和 $\hat{s}_t$，将模型参数中每个元素的学习率按元素进行运算以自适应重新调整：

$$g_t' \leftarrow \frac{\eta \hat{v}_t}{\sqrt{\hat{s}_t t + \epsilon}} \qquad (1\text{-}27)$$

其中，η 是学习率，ϵ 是添加的常数，目标函数自变量中每个元素都拥有各自的学习率。

最后，使用 g'_t 更新 x_t：

$$x_t \leftarrow x_{t-1} - g'_t \qquad (1\text{-}28)$$

普通的梯度下降算法用相同的学习率更新模型的所有参数，而 Adam 算法同时使用梯度的一阶矩估计和二阶矩估计来动态地调整每个参数的学习率。这种根据参数和训练过程自适应调整学习率的方法可以使参数更新更加平稳，模型通常也会收敛到更优值。

1.4   神经网络

人工神经网络（Artificial Neural Network，ANN）简称神经网络（NN），是一种模仿生物神经网络的结构和功能的数学模型。神经网络由大量的人工神经元连接进行计算，具有计算、推理和决策等功能。

神经网络的每个节点有特定的激活函数（Activation Function）。每两个节点间的连接都有一个被称为权重的加权值，该值表示此连接的加权系数。节点数量、网络连接方式、权重和激励函数不同，神经网络的输出也随之不同。神经网络通常都是对自然界某种算法或者函数的逼近，它可以根据输入的不同拟合函数进行表达。同时，神经网络也可以看作一种对逻辑策略的数学表达。现代神经网络能够具有简单的判断和决策能力，相比普通的逻辑推理和演算更具优势。

1.4.1   神经网络的表示

神经网络一般如图 1-5 所示。

图 1-5 中的每一个圆圈代表一个神经元，图中网络从左到右一共有三层：最左边为输入层，负责接收数据；中间为隐藏层，对输入进行处理和运算；最右边为输出层，输出神经网络的结果。从图中可以看到，层之间的神经元相互连接，同一层的神经元之间没有连接，保持了一定的独立性。

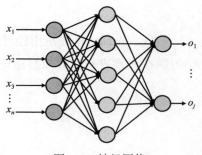

图 1-5　神经网络

图 1-5 中网络只有一层隐藏层。1989 年 George Cybenko 提出的通用逼近定理（Universal Approximation Theorem, UAT）[9] 表明，具有单个隐藏层的前馈网络（加合适的非线性单元），在包含有限数量的神经元的情况下，可以逼近原空间区间内的任意连续函数。虽然一个仅有一个隐藏层的足够复杂的神经网络能逼近任何一个函数，但是它需要的神经元的数量可能非常大。而深层网络用少得多的神经元就能拟合同样的函数，表达能力更强。隐藏层较多（大于 2）的神经网络叫作深度神经网络，深度学习可以看作使用深度神经网络的机器学习方法。现代神经网络通常是深层网络并在大规模数据集上训练，深层网络可以具备足够的表达能力来适应复杂的输入。

1. 神经元

为了理解神经网络，首先需要理解神经网络的组成单元——神经元。神经元也叫感知器。感知器算法在 20 世纪 50 年代～ 70 年代比较流行，成功解决了不少问题。下面来了解感知器的一般组成，并通过一些例子感受其如何对函数进行表达。

（1）感知器组成

感知器一般由如下部分组成。

1）输入权重。一个感知器可以接收多个输入，如 $(x_1, x_2, \cdots, x_n \mid x_i \in \mathbb{R})$，每个输入对应有一个权重 $w_i \in \mathbb{R}$，还有一个偏置项 $b \in \mathbb{R}$。

2）激活函数。激活函数的作用是引入非线性，它模拟了生物神经元抑制部分信号、通过其他特定信号的特性。感知器的激活函数可以有很多选择，比如可以选择下面的阶跃函数 $f(z)$ 来作为激活函数：

$$f(z) = \begin{cases} 1, z > 0 \\ 0, 其他 \end{cases} \tag{1-29}$$

3）输出。感知器的输出由输入、输入权重和激活函数共同表达，可以由下面这个公式来计算：

$$y = f(w \cdot x + b) \tag{1-30}$$

（2）感知器举例

下面通过几个例子来演示如何实现感知器，我们用感知器来实现逻辑中最基础的和（and）函数、或（or）函数。

1）用感知器实现和函数。首先列出和函数的真值表，见表 1-1。

表 1-1   和函数真值表

x_1	x_2	y
0	0	0
0	1	0
1	0	0
1	1	1

令 $w_1 = 0.5$ ，$w_2 = 0.5$ ，$b = -0.8$ ，令激活函数 $f(x)$ 为前面例子中的阶跃函数，此时感知器的数学表达式为 $f(0.5 \cdot x_1 + 0.5 \cdot x_2 - 0.8)$ ，感知器就相当于和函数。

比如输入真值表的第一行，即 $x_1 = 0$ ，$x_2 = 0$ ，那么根据公式计算输出：

$$y = f(w \cdot x + b) = f(w_1 \cdot x_1 + w_2 \cdot x_2 + b) = f(0.5 \times 0 + 0.5 \times 0 - 0.8) = f(-0.8) = 0$$

2）用感知器实现或函数。同样，可以用感知器来实现或运算。首先列出或函数的真值表，见表 1-2。

表 1-2   或函数真值表

x_1	x_2	y
0	0	0
0	1	1
1	0	1
1	1	1

实现或函数，只需把上面和函数 $f(w_1 \cdot x_1 + w_2 \cdot x_2 + b)$ 偏置项的值设置为 -0.3 即可，此时感知器的数学表达式为 $f(0.5 \cdot x_1 + 0.5 \cdot x_2 - 0.3)$ 。

我们以验证第二行为例，

$$y = f(w \cdot x + b) = f(w_1 \cdot x_1 + w_2 \cdot x_2 + b) = f(0.5 \times 0 + 0.5 \times 1 - 0.3) = f(0.2) = 1$$

即当 $x_1 = 0$，$x_2 = 1$ 时，y 为 1，符合或函数真值表第二行的值。

事实上，感知器不仅能实现简单的布尔运算，还可以拟合任何线性函数，用来解决任何线性分类或线性回归问题。布尔运算和函数、或函数可以看作二分类问题，即给定一个输入，输出 0（属于分类 0）或 1（属于分类 1）。然而，感知器不能实现异或运算，因为异或运算不是线性的，无法用一条直线把分类 0 和分类 1 分开。拟合更加复杂的函数需要多个感知器，即多层感知器。

2. 多层感知器

多层感知器在单层神经网络的基础上，引入了一个或多个隐藏层（Hidden Layer）。隐藏层位于输入层和输出层之间。多层感知器至少有 3 层节点，图 1-6 展示了一个典型的多层感知器。

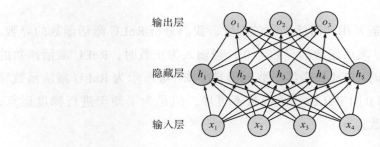

输出层

隐藏层

输入层

图 1-6 多层感知器

图 1-6 所示的多层感知器有一个包含 5 个隐藏神经元的隐藏层，输入层和输出层分别有 4 个神经元和 3 个神经元。隐藏层中的神经元和输入层中的各个输入完全连接，输出层中的神经元和隐藏层中的各个神经元也完全连接。因此，多层感知器中的隐藏层和输出层都是全连接层。

1.4.2 激活函数及其导数

虽然神经网络引入了隐藏层，却依然等价于一个单层神经网络。假设单层神经网络的输出权重参数为 W_o，偏差参数为 b_o，增加隐藏层后输出层权重参数将变为

$W_h W_o$，偏差参数将变为 $b_h W_o + b_o$，其中 W_h 和 b_h 分别是隐藏层的权重参数和偏差参数。增加更多的隐藏层相当于只改变了系数 W_h 和 b_h，神经网络仍然等价于一个单层神经网络，这是因为全连接层相当于对数据做仿射变换，多个仿射变换的叠加仍然是仿射变换。为了解决该问题，我们需要在多层感知器中引入非线性。可以先对隐藏变量按元素使用非线性函数进行变换，再将其作为下一个全连接层的输入。这个非线性函数被称为激活函数。下面介绍几个常用的激活函数。

1. ReLU 激活函数

ReLU（Rectified Linear Unit）激活函数提供一个很简单的非线性变换，是最常用的激活函数。给定元素 x，该函数定义为

$$\mathrm{ReLU}(x) = \max(x, 0) \tag{1-31}$$

ReLU 激活函数将负数元素置零，只保留正数元素。ReLU 激活函数的图像如图 1-7 所示。

梯度下降优化算法需要用到激活函数的梯度，我们分析 ReLU 激活函数的导数。当输入为负数时，ReLU 激活函数的导数为 0；当输入为正数时，ReLU 激活函数的导数为 1；当输入为 0 时，ReLU 激活函数不可导。图 1-8 所示为 ReLU 激活函数导数的图像。虽然输入为 0 时 ReLU 激活函数不可导，但是为了便于进行梯度运算，我们通常约定此处的导数为 0。

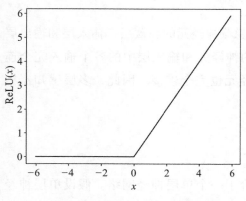

图 1-7　ReLU 激活函数的图像

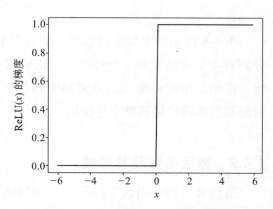

图 1-8　ReLU 激活函数导数的图像

2. Sigmoid 激活函数

Sigmoid 激活函数也是常用的激活函数，在早期的神经网络中较为普遍。Sigmoid 激活函数可以将元素的值变换到 0 和 1 之间，其数学表达式为

$$\text{Sigmoid}(x) = \frac{1}{1 + \exp(-x)} \tag{1-32}$$

图 1-9 所示为 Sigmoid 激活函数的图像。从图中可以看出，当输入接近 0 时，Sigmoid 激活函数接近线性变换，但是在正、负饱和区域，Sigmoid 激活函数非常平滑。

依据链式法则，Sigmoid 激活函数的导数

$$\text{Sigmoid}'(x) = \text{Sigmoid}(x)(1 - \text{Sigmoid}(x)) \tag{1-33}$$

图 1-10 所示为 Sigmoid 激活函数导数的图像。当输入为 0 时，Sigmoid 激活函数的导数达到最大值 0.25；输入越偏离 0，Sigmoid 激活函数的导数越接近 0。在正、负饱和区域，Sigmoid 激活函数的梯度接近 0，在梯度下降算法中梯度更新将接近 0，出现梯度消失问题，因此 Sigmoid 激活函数目前逐渐被更简单、更适用于梯度下降算法的 ReLU 激活函数取代。一般来说，如果输出是 0、1 值（二分类问题），则输出层可以选择 Sigmoid 激活函数，其他层可以选择 ReLU 激活函数。但是 Sigmoid 激活函数仍然有着一定的作用，比如在循环神经网络中，我们可以利用 Sigmoid 激活函数值域在 0 到 1 之间的这一特性来控制信息在神经网络中的流动。

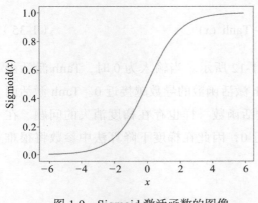

图 1-9　Sigmoid 激活函数的图像

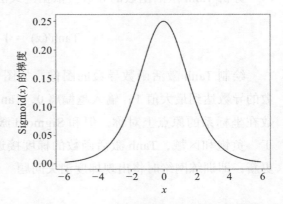

图 1-10　Sigmoid 激活函数导数的图像

3. Tanh 激活函数

Tanh（双曲正切）激活函数也是常用的激活函数，它可以将元素的值变换到 -1 和 1 之间。Tanh 激活函数的数学表达式为

$$\text{Tanh}(x) = \frac{1 - \exp(-2x)}{1 + \exp(-2x)} \tag{1-34}$$

绘制 Tanh 激活函数的图像，如图 1-11 所示。当输入接近 0 时，Tanh 激活函数接近线性变换。虽然 Tanh 激活函数的形状和 Sigmoid 激活函数的形状很像，但 Tanh 激活函数在坐标系的原点上对称。

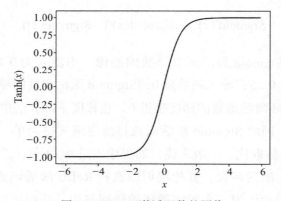

图 1-11　Tanh 激活函数的图像

分析 Tanh 激活函数的导数。依据链式法则，Tanh 激活函数的导数为

$$\text{Tanh}'(x) = 1 - \text{Tanh}^2(x) \tag{1-35}$$

绘制 Tanh 激活函数导数的图像，如图 1-12 所示。当输入为 0 时，Tanh 激活函数的导数达到最大值 1；输入越偏离 0，Tanh 激活函数的导数越接近 0。Tanh 激活函数在坐标系的原点上对称，但和 Sigmoid 激活函数一样也存在梯度消失的问题。在正、负饱和区域，Tanh 激活函数的梯度接近 0，因此在梯度下降算法中参数将很难更新，即训练网络时将出现梯度消失问题。

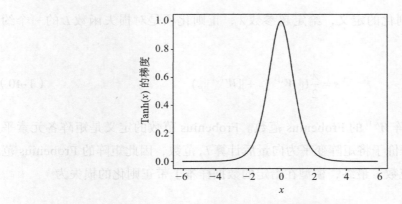

图 1-12　Tanh 激活函数导数的图像

1.4.3　前向传播和反向传播

1. 前向传播

前向传播是指对神经网络沿着从输入层到输出层的顺序，依次计算并存储模型的中间变量（包括输出）。下面我们推导神经网络前向传播的过程。假设输入是一个特征为 $x \in \mathbb{R}^d$ 的样本，且不考虑偏差，那么中间变量为

$$z = W^{(1)}x \tag{1-36}$$

其中 $W^{(1)} \in \mathbb{R}^{h \times d}$ 是隐藏层的权重参数，中间变量 $z \in \mathbb{R}^h$ 经过激活函数 Φ 后，将得到隐藏层变量 h：

$$h = \Phi(z) \tag{1-37}$$

隐藏层变量 h 也是一个中间变量。假设输出层参数只有权重 $W^{(2)} \in \mathbb{R}^{q \times d}$，可以得到向量长度为 q 的输出层变量 o：

$$o = W^{(2)}h \tag{1-38}$$

假设损失函数为 l，且样本标签为 y，可以计算出单个数据样本的损失项 L：

$$L = l(o, y) \tag{1-39}$$

根据 L_2 范数正则化的定义，给定超参数 λ，正则化项是对损失函数 L 的一个约束，可表示为

$$s = \frac{\lambda}{2}(\| W^{(1)} \|_F^2 + \| W^{(2)} \|_F^2) \tag{1-40}$$

其中，$\| W^{(1)} \|_F^2$ 为矩阵 $W^{(1)}$ 的 Frobenius 范数。Frobenius 范数的定义是矩阵各元素平方和的二次方根，等价于将矩阵变平为向量后计算 L_2 范数，因此矩阵的 Frobenius 范数相当于向量的 L_2 范数。最终，模型在给定的数据样本上带正则化的损失为

$$J = L + s \tag{1-41}$$

函数 J 被称为有关给定数据样本的目标函数，在以下的讨论中简称为目标函数。

计算图可以将计算过程以图形的形式表示出来。前向传播的计算图如图 1-13 所示，表达了各个变量在前向传播中的依赖和逻辑关系。其中左下角 x 是输入，右上角 J 是输出。可以看到，图中箭头方向大多是向右或向上的，代表着计算图中变量的前向运算关系。方框代表变量，圆圈代表运算符，箭头表示输入与输出之间的依赖关系。

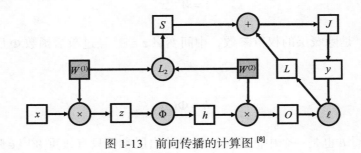

图 1-13   前向传播的计算图 [8]

2. 反向传播

反向传播（Backpropagation，BP）算法 [10] 是一种与最优化方法（如梯度下降算法）结合使用、用来训练人工神经网络的常见算法。该算法计算损失函数与网络中所有权重的梯度，并将梯度反向传播来更新权重以最小化损失函数。

反向传播依据微积分中的链式法则，沿着从输出层到输入层的顺序，依次计算

并存储目标函数有关神经网络各层中间变量及参数的梯度。对输入 X、Y 和 Z 为任意形状张量的函数 $Y=f(X)$ 和 $Z=g(Y)$，通过链式法则，我们有

$$\frac{\partial Z}{\partial X} = \frac{\partial Z}{\partial Y} \cdot \frac{\partial Y}{\partial X} \tag{1-42}$$

这里的乘法是广播机制的乘法，也即 $\frac{\partial Z}{\partial Y} \cdot \frac{\partial Y}{\partial X} = \mathrm{prod}\left(\frac{\partial Z}{\partial Y}, \frac{\partial Y}{\partial X}\right)$，可以根据两个输入的形状，在必要的操作（如扩充元素使输入维度一致）后对两个输入做乘法。

前述前向传播中模型的参数是 $W^{(1)}$ 和 $W^{(2)}$，而反向传播需要计算 $\frac{\partial J}{\partial W^{(1)}}$ 和 $\frac{\partial J}{\partial W^{(2)}}$。

在反向传播中，应用链式法则依次计算各中间变量和参数的梯度，其计算次序与前向传播中相应中间变量的计算次序恰恰相反。目标函数 J 为损失项 L 和正则项 s 的和，即

$$J = L + s \tag{1-43}$$

首先，分别计算目标函数对损失项 L 和正则项 s 的梯度：

$$\frac{\partial J}{\partial L} = 1, \frac{\partial J}{\partial s} = 1 \tag{1-44}$$

接着，依据链式法则计算目标函数对输出层变量的梯度 $\frac{\partial J}{\partial O} \in \mathbb{R}^q$：

$$\frac{\partial J}{\partial O} = \mathrm{prod}\left(\frac{\partial J}{\partial L}, \frac{\partial L}{\partial O}\right) = \frac{\partial L}{\partial O} \tag{1-45}$$

接下来，计算正则项对两个参数 $W^{(1)}$ 和 $W^{(2)}$ 的梯度：

$$\frac{\partial s}{\partial W^{(1)}} = \lambda W^{(1)}, \frac{\partial s}{\partial W^{(2)}} = \lambda W^{(2)} \tag{1-46}$$

现在，计算最靠近输出层的模型参数的梯度 $\frac{\partial J}{\partial W^{(2)}} \in \mathbb{R}^{q \times h}$，根据链式法则，得到

$$\frac{\partial J}{\partial W^{(2)}} = \mathrm{prod}\left(\frac{\partial J}{\partial O}, \frac{\partial O}{\partial W^{(2)}}\right) + \mathrm{prod}\left(\frac{\partial J}{\partial s}, \frac{\partial s}{\partial W^{(2)}}\right) = \frac{\partial J}{\partial O} h^{\mathrm{T}} + \lambda W^{(2)} \tag{1-47}$$

然后沿着输出层向隐藏层继续反向传播，计算隐藏层变量的梯度 $\dfrac{\partial J}{\partial h} \in \mathbb{R}^h$：

$$\frac{\partial J}{\partial h} = \mathrm{prod}\left(\frac{\partial J}{\partial O}, \frac{\partial O}{\partial h}\right) = W^{(2)} \frac{\partial J}{\partial O} \tag{1-48}$$

下一步计算中间变量 z 的梯度：

$$\frac{\partial J}{\partial z} = \mathrm{prod}\left(\frac{\partial J}{\partial h}, \frac{\partial h}{\partial z}\right) = \frac{\partial J}{\partial O} \odot \Phi'(z) \tag{1-49}$$

公式中的 $\odot$ 是按照元素计算的乘法运算，这是因为激活函数 $\Phi(z)$ 按乘法进行运算。最终，可以得到最靠近输入层的模型参数的梯度 $\dfrac{\partial J}{\partial W^{(1)}} \in \mathbb{R}^{h \times d}$：

$$\frac{\partial J}{\partial W^{(1)}} = \mathrm{prod}\left(\frac{\partial J}{\partial z}, \frac{\partial z}{\partial W^{(1)}}\right) + \mathrm{prod}\left(\frac{\partial J}{\partial s}, \frac{\partial s}{\partial W^{(1)}}\right) = \frac{\partial J}{\partial z} x^{\mathrm{T}} + \lambda W^{(1)} \tag{1-50}$$

接着就可以对 $W^{(1)}$ 和 $W^{(2)}$ 利用梯度下降算法进行参数更新了。

1.4.4　神经网络的梯度下降

神经网络的训练通过交替进行前向传播和反向传播完成。在前向传播过程中，神经网络沿着从输入层到输出层的顺序，依次计算并存储中间变量。在反向传播过程中，神经网络沿着从输出层到输入层的顺序，依次计算并存储神经网络中间变量和参数的梯度。接着用梯度下降优化算法更新网络权重以最小化损失函数，这就是深度神经网络的一般训练过程。通常，首先对模型参数进行初始化，之后交替进行前向传播和反向传播，并根据反向传播计算的梯度使用梯度下降算法迭代模型参数。

在训练中，前向传播和反向传播相互依赖。一方面，前向传播的计算依赖于模型参数的当前值，这些模型参数是在反向传播的梯度计算后通过优化算法迭代得到的。比如，前向传播中的正则化约束 $s = \dfrac{\lambda}{2}(\| W^{(1)} \|_F^2 + \| W^{(2)} \|_F^2)$ 需要模型当前参数 $W^{(1)}$ 和 $W^{(2)}$，而 $W^{(1)}$ 和 $W^{(2)}$ 是最新的梯度反向传播后由优化算法迭代得到的。另一方面，反向传播中的梯度计算依赖于各个变量的当前值，这些值由前向传播计算得到，比

如计算 $\dfrac{\partial J}{\partial W^{(2)}} = \dfrac{\partial J}{\partial O} h^{\mathrm{T}} + \lambda W^{(2)}$ 时需要当前的隐藏层变量值 h^{T}。

通常训练会比推理占用更多内存，因为在反向传播中需要复用前向传播中计算并存储的中间变量来避免重复计算，这种复用会导致前向传播后不能立即释放存储中间变量的内存。而在网络的推理阶段，只需要完成前向传播，得到网络的预测结果。

1.5 本章小结

本章主要介绍了深度学习的基本概念、方法和应用。首先简单回顾了深度学习的发展历程，以及它在计算机视觉、自然语言处理、推荐系统、语音处理、自动驾驶等领域取得的进展和应用。接着通过机器学习中的两类基本问题，回归问题和分类问题，了解了深度学习的基本数学模型。深度学习的发展依赖于背后数学原理的进步，当前深度神经网络的训练依赖于各种优化算法，我们了解和学习了几种经典和常见的优化算法。之后通过感知器来认识神经网络的组成单元——神经元，并亲自动手设计感知器及多层感知器。最后，我们学习了对深度学习发展起了巨大推动作用的反向传播算法，并了解了如何用前面介绍的一些优化算法进行神经网络的梯度下降，进而学习如何设计并训练深度神经网络。

第 2 章

卷积神经网络

在深度学习发展过程中，生物的视觉认知过程给了研究者们许多启示，而本章所介绍的卷积神经网络（Convolutional Neural Network，CNN）就是在这种启发下被提出的。

卷积神经网络的起源可以追溯到 1962 年 Hubel 和 Wiesel 对猫大脑的研究，他们的研究结果揭示了生物理解复杂的视觉特征和语义信息的机制，即通过多层细胞与神经逐层处理视觉刺激。在这项研究的启发和前人工作的基础上，Yann LeCun于 1989 年提出了卷积神经网络的雏形，并在 1998 年正式提出了 LeNet-5 网络。然而原始的卷积神经网络效果并不算好，而且训练也非常困难，因此接下来的几十年中卷积神经网络进入了发展的低潮期。直到 2012 年 Hinton 等人设计的 AlexNet 在ILSVRC 上一举夺魁，颠覆了图像识别领域。此后，卷积神经网络繁荣发展，在各个领域都占据一席之地。

这一章首先介绍基础的卷积和池化操作，接着介绍深度卷积神经网络的基本结构及较为经典的卷积网络，最后介绍卷积神经网络的两个广泛应用：图像分类和目标检测。

2.1 卷积基础知识

卷积和池化是卷积神经网络中的基本组件，了解它们的实施细节和相关性质是十分必要的。本节将介绍卷积操作和池化操作的工作原理以及几个比较有代表性的卷积的变种。

2.1.1　卷积操作

卷积神经网络的核心就是卷积层。卷积层的参数由一组滤波器（Filter，在卷积神经网络中通常称为卷积核）组成。在前向传播期间，每个卷积核对输入的多通道特征图进行卷积（卷积核的通道数等于输入特征图的通道数），得到多个拥有更高层次语义信息的输出特征图（输出特征图的通道数等于卷积核的个数）。

那么卷积操作的过程具体是怎么进行的呢？下面以单通道二维卷积运算为例描述卷积的计算过程。二维卷积操作的基本过程如图 2-1 所示，最左边的实线方格部分为输入特征图，其中黑色粗方框的范围为卷积核施加的区域，中间为卷积核，最右边为输出特征图。卷积核与输入特征图的局部区域进行运算，得到输出特征图上对应的深色方格的取值。卷积核不断地以卷积步长（Stride，也叫卷积步幅，即卷积核每次扫描移动的步幅）滑动，扫描整个输入特征图，最终得到输出特征图。此外需要注意的是，输入特征图周围的虚线方格表示对输入特征图进行的边界填充（Padding），其目的是保证输出特征图的尺寸大小满足特定要求，通常可以使用零值来填充。

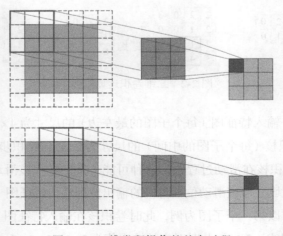

图 2-1　二维卷积操作的基本过程

卷积操作实际上就是分别利用卷积核对输入特征图的不同局部区域做运算，从而获取整张输出特征图。为了便于解释，进行如下处理：对所使用的尺寸为 $k_h \times k_w$ 的二维卷积核的每个权重进行编号，用 $w_{m,n}$ 表示第 m 行第 n 列的权重；对输入的二维特征图的每一个特征值进行编号，用 $x_{i,j}$ 表示第 i 行第 j 列的特征值；对卷积输出结果的每一个值进行编号，用 $a_{i,j}$ 表示第 i 行第 j 列的输出值。那么，卷积的计算公式如式（2-1）所示。

$$a_{i,j} = \sum_{m=0}^{k_h-1}\sum_{n=0}^{k_w-1} w_{m,n} x_{i+m,\,j+n} \qquad (2\text{-}1)$$

图 2-2 给出了一个简单的单通道二维卷积运算的实例。

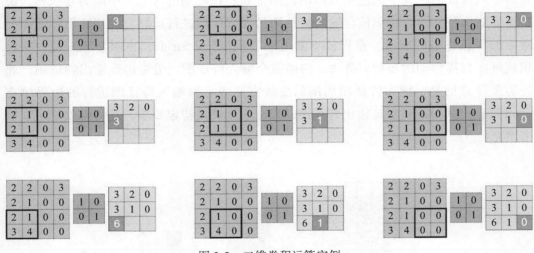

图 2-2　二维卷积运算实例

在这个实例中，输入特征图（每个子图的最左边）的尺寸为 4×4 且不对输入特征图进行边界填充，卷积核（每个子图的中间）的尺寸为 2×2，卷积步长为 1。图 2-2 中的 9 个子图分别表示卷积核在滑动过程中的 9 种可能，其中卷积核滑动的位置即输入特征图上黑色粗方框的区域，而该滑动位置对应的输出值即输出特征图（每个子图的最右边）上深色方格中的值。以第一个子图为例，此时卷积核在输入特征图上的滑动位置为左上角的 2×2 区域，根据式（2-1），此时对应的输出值为 2×1+2×0+2×0+1×1=3。

以上介绍了单通道的卷积计算方法，那么当输入特征图的通道数大于 1 时要怎么计算呢？其实也是类似的。当输入特征图含有多个通道时，卷积核的通道数需要与输入通道数相同，这样才能够利用它们与多通道的输入数据做卷积运算。也就是说，若输入特征图的通道数为 C，那么卷积核的通道数同样为 C。对所使用的尺寸为 $k_h \times k_w \times C$ 的卷积核的每个权重进行编号，用 $w_{c,m,n}$ 表示卷积核第 c 通道第 m 行第 n 列的权重；对输入的多通道特征图的每一个特征值进行编号，用 $x_{c,i,j}$ 表示第 c 通道第 i 行第 j 列的特征值；对卷积输出结果的每一个值进行编号，用 $a_{i,j}$ 表示第 i 行第 j 列的输出值。扩展一下式（2-1），得到多通道的卷积计算公式如下：

$$a_{i,j} = \sum_{c=0}^{C-1}\sum_{m=0}^{k_h-1}\sum_{n=0}^{k_w-1} w_{c,m,n} x_{c,i+m,j+n} \tag{2-2}$$

上面只介绍了使用一个卷积核的情况，事实上每个卷积层可以有多个卷积核。可以直观地理解为，可以使用一个卷积核获得某一种特征，那么为了获得更多不同的特征，卷积层通常需要多个卷积核。每个卷积核与输入特征图进行卷积，都可以得到一个一维特征图，将这些输出的一维特征图按通道连接起来，就得到最终的多通道输出特征图。因此，卷积后输出特征图的通道数等于卷积层所使用的卷积核数目，也就是说，有几个卷积核就有几个输出通道。

根据以上介绍，可以得到卷积后输出特征图的大小为 $H \times W \times N$。其中输出通道数 N 等于卷积核的个数，H 和 W 分别为输出特征图的高和宽，计算公式如下：

$$H = \frac{H_{in} + 2P_h - k_h}{S_h} + 1 \tag{2-3}$$

$$W = \frac{W_{in} + 2P_w - k_w}{S_w} + 1 \tag{2-4}$$

在上面两式中：H_{in} 和 W_{in} 分别表示输入特征图的高和宽；k_h 和 k_w 分别表示卷积核窗口的高和宽；P_h 表示在输入特征图的上下两侧分别进行了 P_h 行边界填充，P_w 表示在输入特征图的左右两侧分别进行了 P_w 列边界填充，那么经过边界填充后的特征图尺寸为 $(H_{in} + 2P_h) \times (W_{in} + 2P_w)$；$S_h$ 和 S_w 则分别表示卷积核在上下和左右方向上滑动的步长。

需要注意的是，上述公式在步长大于 1 时，计算结果可能会是非整数。对于这种情况，通常会采取向下取整的方法，放弃一部分边界数据。那么最终输出特征图的尺寸为：

$$H = \left\lfloor \frac{H_{in} + 2P_h - k_h}{S_h} \right\rfloor + 1 \qquad (2\text{-}5)$$

$$W = \left\lfloor \frac{W_{in} + 2P_w - k_w}{S_w} \right\rfloor + 1 \qquad (2\text{-}6)$$

在介绍卷积层的优势之前，需要先知道全连接层的几个主要问题。

1）参数量太大。在全连接层，不同节点的连接权重是不同的，这就导致全连接层的参数量非常大。比如 1000×1000 像素的图片，映射到与原图相同的大小，就需要 $(1000×1000)^2 = 10^{12}$ 个参数。而且输入尺寸扩大一点就会造成参数量的成倍增加。

2）没有利用位置信息。对于全连接层而言，输入特征图被平铺为一个向量，原本位于同一列相邻位置的像素在这个平铺向量中可能相距甚远，这样，它们构成的模式可能难以被模型识别。此外，全连接层的一个神经元会和输入的所有神经元相连，也就是平等地对待图像的所有像素，而没有利用相对位置的信息，但其实这之中有许多连接是不必要的。也就是说，全连接层会学习大量不重要的连接权重，这显然不是一种高效的学习方法。

3）要求输入尺寸固定，对图像尺寸敏感。

那么卷积层是怎么解决这些问题的呢？了解了卷积的基本运算过程之后，就能更深刻地理解卷积的特性。

1）局部连接。每个神经元只与上一层的部分神经元相连，而不是与所有神经元都有关，这样可以减少大量不重要的连接从而减少参数。也就是说，当执行卷积操作时，每次卷积核所覆盖的区域是局部的（所以称为局部感知）。

2）权重共享。在卷积操作中，通过滑动同一组卷积核来扫描整个输入特征图，即输出层上不同位置的节点与输入层的连接权重（卷积核参数）都是一样的，权重的共享使卷积层与全连接层相比减少了很多参数。比如对于包含两个 3×3×3 卷积核的卷积层来说，其参数数量仅有 2×(3×3×3) = 54 个，且参数数量与输入特征图的大小无关。

3）结构化。局部连接使卷积操作能够在输出数据中保留输入的结构化信息，即输出数据中不同节点仍然保持着与输入数据基本一致的空间、时间对应关系。

2.1.2 池化

在卷积神经网络中，通常会在卷积层之后添加池化层。池化（Pooling）的主要作用是下采样，从而有效缩减数据量，同时保留有用信息。卷积神经网络经常使用池化层来缩减模型大小，从而提高运算速度，同时提高特征的鲁棒性。为什么池化是有效的呢？这是因为经过卷积操作，在卷积的输出特征图中相邻区域的特征可能具有一定的相似性，此时可以使用池化选取最能表征区域特征的值，舍弃一些不太重要的特征，从而缩减数据量，同时大致上保留特征。

与卷积操作类似，每一次池化操作也是对一个固定的区域（通常称为池化窗口）内的输入元素计算输出。不同的是，池化不需要核，而是直接对池化窗口内元素进行计算，没有需要学习的权重。池化的方式有很多，最常用的是最大池化（Max Pooling）和平均池化（Mean Pooling）。

最大池化实际上就是在池化窗口内的元素中取最大值，作为池化后的输出值。在二维最大池化中，池化窗口依次在输入数据上滑动，输出数据中各元素的值就是窗口滑动到对应位置时区域内的最大输入样本值。图 2-3 给出了一个简单的二维最大池化运算的实例。

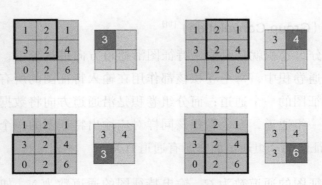

图 2-3　二维最大池化运算的实例

在这个实例中，输入特征图（每个子图的左边）的尺寸为 3×3，池化窗口的尺寸为 2×2，池化步长为 1，不对输入特征图进行边界填充。图 2-3 中的 4 个子图分别表示池化窗口在滑动过程中的 4 个可能的位置，其中输入特征图上黑色粗方框的区域为池化窗口滑动的位置，而输出特征图（每个子图的右边）上深色方格内的值是该滑动位置对应的输出值。以第一个子图为例，池化窗口在输入特征图上的滑动位置为左上角的 2×2 区域，此时对应的最大池化输出值为 $\max(1,2,3,2)=3$。

平均池化与最大池化类似，只是将最大池化中取最大值的操作替换成计算平均值。例如将上述实例中的最大池化改为平均池化，则图 2-3 的第一个子图中平均池化对应的输出值应为 $\text{average}(1,2,3,2)=(1+2+3+2)/4=2$。

以上介绍了单通道的池化计算方法，那么当输入特征图的通道数大于 1 时要怎么计算呢？对于多通道的输入数据，池化层是分别对每个输入通道单独执行池化操作，这么做的结果是，池化层的输出通道数会与输入通道数相同。

根据以上介绍，可以得到池化后输出特征图的大小为 $H\times W\times N_c$，其中 N_c 为输入特征图的通道数，H 和 W 的计算方式与卷积相同。

2.1.3　卷积的变种

随着卷积神经网络的迅速发展和广泛应用，为了提升网络的推理速度和精度，一种思路是对标准的卷积操作进行改进，因此逐渐衍生出了许多卷积的变种。下面将介绍 3 种比较有代表性的卷积变种：分组卷积、空洞卷积和可变形卷积。

1. 分组卷积（Group Convolution）[11]

顾名思义，分组卷积就是对输入特征图沿通道方向进行分组，然后对每组分别进行卷积。在普通卷积中，每个卷积核都作用在输入特征图的所有通道上，一个卷积核对应输出特征图的一个通道；而分组卷积是沿通道方向将数据分组，每个卷积核只作用于其中一组通道，一个卷积核同样对应输出特征图的一个通道，只是这个通道只与输入特征图的一组通道而非所有通道有关。

假设输入特征图的通道数为 C，输出特征图的通道数为 N，如果沿通道分成 G

组，那么每一组中的输入通道数为 $\frac{C}{G}$（即使用的卷积核的通道数为 $\frac{C}{G}$），每一组对应的输出通道数为 $\frac{N}{G}$（即对每组使用的卷积核的数量为 $\frac{N}{G}$）。对于同样大小的输入特征图和输出特征图，普通卷积需要 N 个 $C \times k_h \times k_w$ 的卷积核，普通卷积的总参数量为 $N \times C \times k_h \times k_w$；而分组卷积共有 G 组卷积核，每组包括 $\frac{N}{G}$ 个 $\frac{C}{G} \times k_h \times k_w$ 大小的卷积核，它们只与其同组的部分输入特征图进行卷积，分组卷积的总参数量为 $G \times \frac{N}{G} \times \frac{C}{G} \times k_h \times k_w$，即分组卷积能将卷积操作的参数量和计算量都降低为普通卷积的 $\frac{1}{G}$。

分组卷积最初是在 AlexNet 网络中提出的，其目的是解决单个 GPU 无法处理计算量和存储需求较大的卷积层的问题，解决方法是采用分组卷积将卷积操作分配到多个 GPU 上。

2. 空洞卷积（Dilated Convolution）[12]

池化等下采样操作能够扩大特征图的感受野，但同时会降低特征图的分辨率，从而丢失一部分信息。为了解决这个问题，空洞卷积应运而生。空洞卷积的想法是，通过向标准的卷积核中注入空洞来扩大卷积核感受野。

空洞卷积向卷积层引入了一个新的超参数来指定相邻采样点之间的间隔，这个超参数即扩张率。扩张率为 d 的空洞卷积，卷积核上相邻的采样点之间有（$d-1$）个空洞。如图 2-4 所示，深色方格表示有效采样点，其中：图 2-4a 对应 $d=1$ 的 3×3 空洞卷积，与普通的卷积操作相同；图 2-4b 对应 $d=2$ 的 3×3 空洞卷积，扩张后卷积核的大小为 5×5（用黑色粗方框表示），感受野的大小为 7×7（方格覆盖的范围），计算卷积时空洞位置（黑色粗方框内的浅色方格）的值全填 0；图 2-4c 对应 $d=4$ 的 3×3 空洞卷积，扩张后卷积核的大小为 9×9，感受野的大小为 15×15。

利用空洞卷积，通过改变扩张率，感受野是呈指数级增长的。而实际上卷积核的尺寸是不变的，因此空洞卷积并不增加参数量。在计算过程中，使用扩张后的卷积核进行计算，这个扩张后的卷积核尺寸为 $(k_h + (d-1)(k_h-1)) \times (k_w + (d-1)(k_w-1))$，这里多出的卷积权重值就是 0，无须训练。

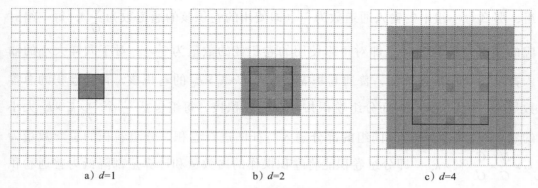

图 2-4　不同扩张率下的二维空洞卷积

3. 可变形卷积（Deformable Convolution）[13]

普通的卷积操作是在固定的、规则的网格点上进行数据采样的，这样束缚了网络的感受野形状，限制了网络对几何形变的适应能力。为了突破这个难点，可变形卷积应运而生，它引入了学习形变的能力，能够更好地解决具有空间形变问题的图像任务。

具体来说，可变形卷积在卷积核中每个采样点的位置都增加了一个可学习的偏移量，通过偏移，卷积核的采样点不再局限于规则的网格点。如图 2-5 所示，子图 a 没有添加偏移量，即普通的卷积；b、c、d 三个子图在正常的采样坐标上加上一个偏移量（如图中箭头所示），使卷积核可以在当前位置附近随意采样，即可变形卷积。其中，子图 c 和 d 作为可变形卷积的特殊情况，分别展示了可变形卷积的尺度变换和旋转变换特性。

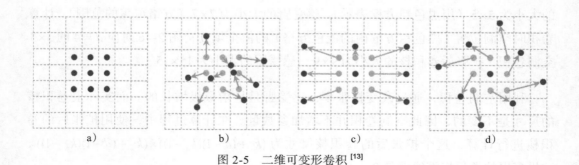

图 2-5　二维可变形卷积[13]

2.2 深度卷积神经网络

我们已经学习了卷积和池化等卷积神经网络中基本的组件，那么要如何通过它们构建一个完整的卷积神经网络呢？本节将首先介绍神经网络的整体结构，随后介绍残差和1×1卷积这两个特殊的结构及其作用，最后详细介绍几个比较有代表性的卷积网络。

2.2.1 卷积神经网络的整体结构

卷积神经网络由输入层、输出层及多个隐藏层组成，隐藏层主要可分为卷积层（通常用 CONV 表示）、池化层（通常用 POOL 表示）和全连接层（通常用 FC 表示）。利用这些层，可以构建各种卷积神经网络，常用架构模式为

$$INPUT \rightarrow [[CONV] * N \rightarrow POOL] * M \rightarrow [FC] * K \rightarrow OUTPUT$$

也就是 N 个卷积层叠加，然后在每组卷积层之后可选择叠加一个池化层，重复这个卷积加池化的结构 M 次，最后叠加 K 个全连接层。需要注意的是，由于卷积操作是对特征图的每个点都赋予权重进行计算，这个操作是线性的，而线性模型的表达力不够，因此需要在每个卷积层之后添加激活函数来引入非线性因素。也就是说在上述架构中，实际上还应包含 $N \times M$ 个非线性激活层。图 2-6 为卷积神经网络的一个经典结构 LeNet-5[14] 的示意图（图中 Cx、Sx、Fx 分别代表卷积层、下采样层和全连接层）。这是 LeCun Yann 在 1998 年提出的卷积神经网络结构，其输入在经过几次卷积层和池化层的重复操作后，接入几个全连接层并输出预测结果，该结构已成功应用于手写数字识别任务。

如图 2-6 所示，LeNet-5 的结构可以表示为

$$INPUT \rightarrow CONV \rightarrow POOL \rightarrow CONV \rightarrow POOL \rightarrow FC \rightarrow FC \rightarrow OUTPUT$$

也就是 $N=1$，$M=2$，$K=2$，即

$$INPUT \rightarrow [[CONV]*1 \rightarrow POOL]*2 \rightarrow [FC]*2 \rightarrow OUTPUT$$

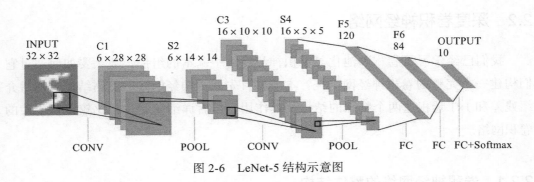

图 2-6　LeNet-5 结构示意图

在图 2-6 所示的 LeNet-5 网络中可以看到，输入层的宽度和高度对应于输入图像的宽度和高度，大小为 32×32，而它的深度为 1。第一个卷积层对这幅图像进行了卷积操作，得到了 6 个 28×28 的特征图；然后经过第一个池化层，池化层对特征图做了下采样，特征图的大小变为 14×14；此后又经过第二个卷积层，得到了 16 个 10×10 的特征图，经过池化层后大小变为 5×5；然后将这 16 个 5×5 的特征图作为全连接层的输入，经过两个全连接层进入输出层；输出层也是全连接层，使用 Softmax 进行分类得到最后的结果。

卷积神经网络的训练相比全连接网络的训练要复杂一些，但究其根本，二者的训练方法通常都是反向传播算法，即利用链式求导法则逐层计算损失函数对每个权重的偏导数（梯度），然后根据梯度下降公式更新权重。

2.2.2　残差结构和 1×1 卷积

在探寻分类准确率更高的神经网络的过程中，凭着网络越深学习能力越强的直觉，卷积神经分类网络自 AlexNet 的 7 层逐渐发展到 VGG 的 16 层乃至 GoogleNet 的 22 层。但随后研究人员发现一味地增加网络深度并不能提高性能，甚至反而使准确率下降了，这是因为出现了退化问题：随着层数增加，准确率达到饱和后迅速退化。何恺明等人于 2015 年提出 ResNet[15] 网络（Residual Network），使用残差结构很好地解决了神经网络加深带来的退化问题，他们也因此荣获当年的 ILSVRC 分类任务第一名。

残差结构（如图 2-7 所示）的核心是通过跳跃连接的方式来跳过一层或多层的连接，进行恒等映射，从而使网络层根据输入拟合残差函数而非所需的底层函数。这种结构为学习提供了很有帮助的预处理，因为当最优函数更趋近于恒等映射而不是零值时，相当于提供了一个先验知识，这样网络学习会远比重新学习一个全新的底层函数容易。因此可以说，残差结构能够使系统更容易优化，从而简化深层网络的训练。

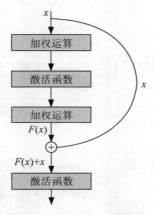

图 2-7　残差结构示意图

在形式上，将期望的底层映射表示为 $H(x)$，通过跳跃连接进行恒等映射，因此要使堆叠的非线性层拟合的映射为 $F(x) = H(x) - x$，则残差结构的映射输出为 $F(x) + x$。可以认为，根据跳跃连接输入的恒等映射 x 将会更容易发现 x 上的扰动 $F(x)$，即优化残差映射比优化原始映射更容易。在极端情况下，如果期望的映射是恒等映射，那么将残差逐渐优化至零将比直接拟合恒等映射更容易。

由于残差网络中的恒等映射是无参数的，因此它与无跳跃连接的普通网络相比并不会增加额外的学习参数和计算复杂度。实验表明：残差结构很好地解决了退化问题，可以做到深层模型的错误率低于其浅层版本；相较于其相对应的无残差网络版本收敛更快，网络训练加速，模型的准确率也明显提升；此外，其复杂度和模型尺寸并没有增加。

为了减少深度残差网络的计算量和降低训练难度，何恺明等人又提出了一种深度瓶颈结构，其中重要的改进是在残差结构中使用了 1×1 卷积。因此在介绍深度瓶颈结构之前，首先来了解一下 1×1 卷积。

顾名思义，1×1 卷积就是卷积核大小为 1×1 的卷积。因为使用了 1×1 的卷积窗口，1×1 卷积无法识别高和宽上相邻元素构成的模式。它的主要计算只发生在通道维上，于是，可以通过调整 1×1 卷积中的卷积核个数来调整网络层之间的通道数，从而控制模型的复杂度。如图 2-8 所示，最左边的图为输入特征图，其中深色部分为卷积核施加的区域，中间为 1×1 大小的卷积核，最右边为此卷积核对应的输出特征图。

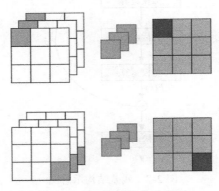

图 2-8   1×1 卷积操作示意图

假设输入特征图的通道数为 C，则一个 1×1 卷积核每次与输入特征图的 $1×1×C$ 大小的局部区域进行加权运算，得到输出特征图上对应的深色方格的值。在 1×1 卷积中，卷积核在输入特征图上施加的区域就是与输出位置在高和宽维度上相对应的位置。计算输出值就是按权重累加对应位置所有通道上的输入，因此其输入和输出具有相同的高和宽。通常可以将 1×1 卷积层看作通道维度上的全连接层：这个"全连接"层的特征维就是通道维，数据样本就是空间维度（高和宽）上的各个元素。一个 1×1 卷积核对应一个输出通道，则可以通过设置卷积核的数量来确定输出通道数。

下面来介绍深度瓶颈结构。如图 2-9b 所示，深度瓶颈结构中使用了三个叠加层来完成残差函数的学习：首先使用包含 64 个 1×1 卷积核的 1×1 卷积层进行降维，然后经过中间的 3×3 卷积层，最后在另一个 1×1 的卷积层进行还原。这种结构的参数数目只有常规残差结构（见图 2-9a）的 1/17，可以说既保持了精度又减少了计算量。因此常规残差结构常用于 34 层或更少层数的 ResNet 网络中，而深度瓶颈结构则多用于更深的结构中。

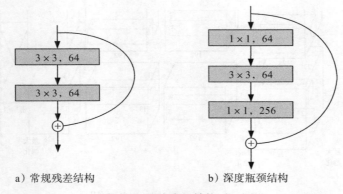

a）常规残差结构　　　　　　　　b）深度瓶颈结构

图 2-9　两种残差结构对比图

2.2.3　经典卷积网络

在卷积神经网络的发展过程中，出现了许多优秀的网络结构和算法，下面介绍几个经典的卷积神经网络。

1. LeNet[14]

LeNet 的作者 LeCun 等人提出了卷积神经网络的概念，并在 LeNet 中应用局部感受野、权重共享、下采样（池化），解决了 CNN 出现之前以图像像素作为神经网络的输入数据时对位置信息不敏感、图片尺寸需固定等问题。

LeNet-5 是第一个卷积神经网络，它诞生于 1998 年，很好地完成了手写数字识别任务，推动了深度学习的发展。LeNet-5 的结构已经在 2.2.1 节中介绍过，其网络结构十分简单，却包含了卷积神经网络的基本组件（卷积层、池化层、全连接层），可以说它是现代卷积神经网络的奠基之作。

2. AlexNet[11]

2012 年，AlexNet 横空出世，在 ILSVRC 上将图像分类任务的 Top-5 错误率降低到 15.3%，以很大的优势一举夺魁。它首次证明了深度学习到的特征可以超越手工设计的特征，从而推动计算机视觉研究的蓬勃发展。

如图 2-10 所示，AlexNet 的主要网络结构也是使用堆砌的卷积层和池化层，并在最后加上全连接层和 Softmax 以处理多分类问题。

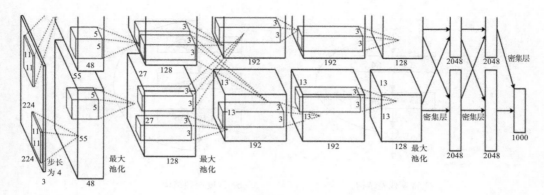

图 2-10   AlexNet 结构示意图 [11]

AlexNet 的设计理念与 LeNet 有相似之处，但也有很大的不同。

1）与 LeNet 不同，AlexNet 包含 8 层：5 个卷积层、2 个全连接隐藏层及 1 个全连接输出层。AlexNet 在第一个卷积层中使用了 11×11 的大卷积窗口以更好地捕获大物体，而且 AlexNet 使用的卷积通道数是 LeNet 中使用的数十倍。可以说，AlexNet 将 LeNet 的思想发扬光大，将 CNN 的基本原理应用到了深层网络中。

2）使用非线性单元 ReLU 作为激活函数，替换了原先 LeNet 中使用的 Sigmoid 激活函数。一方面，ReLU 激活函数的计算更简单；另一方面，ReLU 激活函数能够缓解深层网络训练时的梯度消失问题，从而在不同的参数初始化方法下使模型更容易训练。

3）提出随机失活（Dropout）方法，避免模型过拟合。

4）使用翻转、随机裁剪等大量的图像数据增强（Data Augmentation）技术来进一步扩大数据集，缓解过拟合，提升训练效果。

5）提出了局部响应归一化（Local Response Normalization，LRN）模块，为局部神经元的活动创建竞争机制，增强其中响应较大的值，并抑制其他反馈较小的神经元，从而增强模型的泛化能力。

6）采用分组卷积来突破当时 GPU 的显存瓶颈。

3. VGGNet

2014 年出现的 VGGNet 探索了卷积神经网络的深度与其性能之间的关系。通过反复堆叠 3×3 的小卷积核和 2×2 的最大池化层，VGGNet 构筑了深至 19 层的卷积神经网络。VGGNet 进一步降低了图像分类任务的错误率，在 2014 年的 ILSVRC 比赛中获得了分类任务的第 2 名和定位任务的第 1 名。

VGGNet 的想法是使用堆叠的小卷积核代替大卷积核，其最主要的贡献是证明了可以通过使用小卷积核增加卷积网络的深度以提高精度。VGGNet 使用 3 个 3×3 卷积核来代替 7×7 卷积核，使用 2 个 3×3 卷积核来代替 5×5 卷积核。这种用多个小卷积核代替大卷积核的做法并不会缩小感受野，却减少了参数量和计算量，此外还增加了网络的深度以学习更复杂的模式，在一定程度上提升了神经网络的性能。

4. NiN

NiN（Network in Network）的卷积层设定与 AlexNet 类似。NiN 也使用了 1×1、5×5 和 3×3 的卷积核，且相应的输出通道数也与 AlexNet 中的一致。NiN 与 AlexNet 最大的不同如下。

1）NiN 使用输出通道数等于标签类别数的 NiN 块来替换 AlexNet 最后的 3 个全连接层，并使用全局平均池化层（窗口形状等于输入空间维形状的平均池化层）按通道维求平均后直接用于分类。这种方法用卷积替换全连接层，可以显著减小模型参数量，从而降低过拟合的风险；但需要注意的是，这样设计的模型可能需要更长的训练时间。

2）NiN 中提出使用 NiN 块构建深层网络，其结构如图 2-11 所示，由卷积层和两个充当全连接层的 1×1 卷积层串联而成。之所以使用 1×1 卷积层而非普通的全连接层，是因为卷积层的输入和输出通常是（样本，通道，高，宽）形式的四维数组，而全连接层的输入和输出则通常是（样本，特征）形式的二维数组，二者的维度并不匹配。选择 1×1 卷积层来替代全连接层，既可以保证维度匹配，又能够保留空间维度上的信息以传递到后面的层中去。

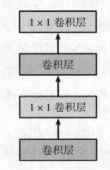

图 2-11　NiN 块结构示意图

5. ResNet[15]

根据 2.2.2 节所述，ResNet 的提出源于网络的退化问题。残差结构和深度瓶颈结构在前面也已介绍过，此处不再重复。

2.3　卷积神经网络的应用

前面介绍了卷积神经网络中的基本操作、常见结构以及几个经典网络，本节将介绍卷积神经网络的应用，主要包括两大应用：图像分类和目标检测。首先介绍图像分类和目标检测要解决什么问题，然后列举卷积神经网络在这两大应用方面的研究和发展。

2.3.1　图像分类

将给定图像分为预设置的几个类别即为图像分类，图像分类是视觉领域重要的热点课题。对于图像分类问题，深度学习方法的表现明显优于传统的机器学习，尤其是卷积神经网络很好地处理了大量图像的直接分类问题，更加方便快捷，因而成为分类问题的主流方法。

1957年，第一代神经网络单层感知器被提出，它成功区分了三角形等基本形状，开启了深度学习应用于图像分类的新篇章。此后随着深度学习算法和模型的不断发展，深度信念网络（2006）、堆叠去噪自编码器（2008）、卷积深度信念网络（2009）和深度玻尔兹曼机（2010）等网络模型被应用于分类任务。

Hinton等人为解决LeNet鲁棒性差、训练计算量大的缺点，于2012年提出AlexNet，在其中引入随机失活和ReLU激活函数等，并首次将卷积神经网络应用于ImageNet图像分类竞赛中，荣获2012年分类任务的第一名。此后几年，在先前研究的基础上，又出现了VGG、ResNet、GoogleNet、DenseNet、SqueezeNet、SENet、MobileNet和CapsNet等一系列性能优良的深度分类网络，有效地提升了图像分类效果。

如图2-12所示，以ResNet-50网络为例，网络中包含了49个卷积层（conv）、1个全连接层。网络结构可以大致分成六部分：第Ⅰ部分不包含残差块，主要对输入进行卷积和最大池化的计算；第Ⅱ～Ⅴ部分结构都包含了之前介绍过的残差块，此处使用的是深度瓶颈结构，每个残差块都包含三层卷积；第Ⅵ部分的池化层和全连接层将其卷积层的输出转化为一个特征向量，最后使用Softmax对这个特征向量进行计算并输出类别概率。该网络总共有$1+(3+4+6+3)\times3=49$个卷积层，加上最后的全连接层共有50层，这正是ResNet-50名称的由来。

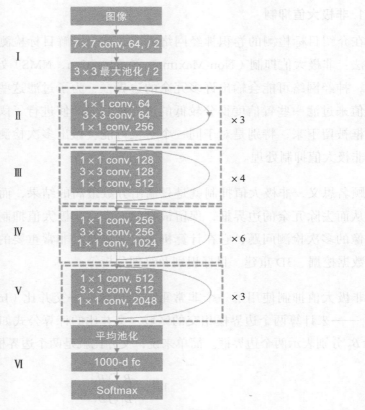

图 2-12 ResNet-50 结构示意图

简而言之，对目标分类任务应用深度学习在目前已经取得了优良的效果，未来还将继续发展。

2.3.2 目标检测

目标检测是指对原始图像进行分析、处理，从而完成感兴趣目标的定位、识别的一系列过程。随着深度学习技术在全球兴起，近年来在目标检测中应用深度学习已成为计算机视觉领域的研究热点。目前大部分基于深度学习的目标检测算法使用卷积神经网络及其改进网络，主要分为双阶段和一体化两类目标检测算法。前者包含 R-CNN、Fast R-CNN、Faster R-CNN 等；后者主要包含 SSD 和 YOLO 系列网络，通常用于实际工程中实时检测任务的处理。

1. 非极大值抑制

在介绍目标检测的卷积神经网络之前，首先了解目标检测中一个非常重要的处理方法：非极大值抑制（Non-Maximum Suppression，NMS）处理。在目标检测的过程中，神经网络可能会输出许多冗余的边界框，为了过滤这些边界框，一般会先通过阈值来过滤一些置信度得分较低的边界框，但即使进行了阈值过滤，依旧会有很多锚框被留下来，特别是对于同一个对象可能会做出多次检测的情况，这时候就要用到非极大值抑制处理。

顾名思义，非极大值抑制就是只输出分数最高的结果，而抑制不是极大值的元素，从而去除冗余的边界框，保留最好的一个。非极大值抑制的作用是解决对同一个图像的多次检测问题，它在计算机视觉领域有着非常重要的应用，如视频目标跟踪、数据挖掘、3D 重建、目标识别及纹理分析等。

非极大值抑制使用了一个非常重要的概念——交并比（Intersection over Union，IoU）——来计算两个边界框相交的区域。交并比的计算公式如式（2-7）所示，其中 B_1 和 B_2 分别表示两个边界框。简单来说，交并比就是两个边界框的重叠面积的占比。

$$\text{IoU} = \frac{B_1 \bigcap B_2}{B_1 \bigcup B_2} \tag{2-7}$$

实现非极大值抑制的步骤如下：

1）将所有未处理的边界框按置信度得分进行排序，选中其中置信度最高的一个；
2）遍历其余的边界框，若有边界框和当前最高得分框的 IoU 大于一定阈值，就将其删除；
3）从剩余边界框中继续选得分最高的，重复上述过程。

2. 双阶段目标检测算法

以上介绍了交并比和非极大值抑制，它们在目标检测中有着非常重要的应用。下面简单了解一些目标检测的卷积神经网络，主要分为双阶段和一体化两类。首先介绍双阶段目标检测算法，其第一阶段是提取候选区域和特征，第二阶段是根据区域和特征进行分类与边框回归。

2014 年，Girshick 等人率先提出了 R-CNN，这是首个将深度学习应用于目标检测的算法，也是双阶段目标检测算法的奠基者。它首先采用选择性搜索策略从原始图像中提取候选区域，然后将归一化的候选区域逐一输入 CNN 完成特征提取，接着将目标特征输入线性 SVM（支持向量机）进行分类，最后输出回归后的边界框作为目标检测结果。事实上，R-CNN 网络相当于用滑动窗策略代替模板匹配算法中的选择性搜索，用 CNN 自动提取的深层特征来代替人工设计的特征。

此后该领域以前所未有的速度发展，涌现了大量优秀的算法和网络结构。同样是在 2014 年，何恺明等人提出了 SPPNet，解决了卷积网络提取图像特征时需要输入固定大小的图像的问题。2015 年，在上述算法的基础上，研究者又提出了 Fast R-CNN，对 R-CNN 的网络结构进行调整：在候选区域提取之前先进行特征提取，相当于只进行了一次 CNN 运算，速度和精度有了大幅提升；将 R-CNN 采用的线性 SVM 替换成 Softmax 回归层，只需要根据类别数调整该层的输出维数，相当于只进行了一次分类器训练，从而降低了检测网络的训练成本。同年，Faster R-CNN 很快被提出，该算法将选择性搜索替换为区域生成网络，检测速度大幅提升至准实时水平，且具有明显的精度优势。2018 年提出的 Mask R-CNN 在 Faster R-CNN 的基础上结合了精准的语义分割算法 FCN（特征金字塔），并提出一种区域特征聚集方法以解决区域不匹配问题，从而达到更高的准确率和更快的速度。

3. 一体化目标检测算法

上述算法均为基于候选区域的双阶段目标检测算法，而 2015 年 Joseph 和 Girshick 等人还提出了第一个一体化卷积神经网络检测算法——YOLO（You Only Look Once），其算法核心是将物体检测的任务作为回归问题来处理，采用分格策略将区域枚举、特征提取及分类检测三个环节融合到一个统一的神经网络中，实现输入整张图片，直接端对端地得到边界框的位置、置信度及类别概率。

YOLO 模型的优势是不仅检测速度快，而且 YOLO 检测采用的是全图信息，在检测物体时能很好地利用上下文信息，从而能够有效地避免背景错误。但 YOLO 也存在检测精度低于其他先进算法、对密集的小物体检测效果不好等缺点。

为了解决上述问题，YOLOv2 对 YOLO 进行了改进，主要体现在两方面：其一，使用批量归一化、移除全连接层、通过训练 K-means 聚类算法获取锚框等一系列方法对 YOLO 检测框架进行了改进，在保持 YOLO 原有速度优势的基础上提升了检测精度；其二，提出了一种目标分类与检测的联合训练方法，训练后的模型可以实现多达 9000 种物体的实时检测。

YOLOv3 是在 YOLOv2 的基础上提出的，它使检测精度得以提升，尤其是对密集小物体的识别能力更好。其主要改进包括：首先，采用全新设计的 Darknet-53 网络结构提取特征，该网络中大量使用残差连接，增加了网络的深度，从而使精度得以提高，且训练深层网络的难度降低；其次，采用类似 FPN 的上采样，引入多尺度特征融合预测的方法，对于小目标的检测效果提升比较明显；最后，为了处理一个目标可能属于多个类的问题，将原来的单标签分类替换为多标签分类，在网络结构上将 Softmax 层（用于单标签多分类）换成逻辑回归层（用于多标签多分类）。

YOLOv3[16] 的具体实现过程为：首先对输入图像执行一系列卷积操作，获得的特征图与输入图像相比相当于 32 倍下采样，对其进行卷积操作，通过检测层获得一次检测结果；随后对特征图上采样两倍，将上采样结果与前一层相融合，对融合特征图进行检测；然后重复上述操作获得第三次检测结果；最后对三次检测框进行置信度阈值滤除和非极大值抑制处理，获取最终检测结果。YOLOv3 的检测过程如图 2-13 所示。

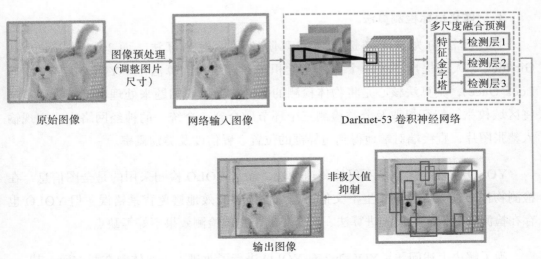

图 2-13　YOLOv3 检测过程示意图

在 YOLO 之后出现的 SSD 算法吸收了 RPN 和 YOLO 的优势，兼顾了精度和速度。2017 年，FPN 网络被提出，它对小目标检测效果良好，对 MS COCO（Microsoft Common Objects in Context）数据集的检测效果是当时最佳的。同年提出的 Retina-Net 对传统的损失函数进行修正，使一体化目标检测网络的性能在精度上有了质的飞跃。

总之，根据有无候选框生成阶段，基于深度学习的目标检测分为双阶段检测算法和一体化检测算法，两个分支都取得了长足的进展，并仍在快速发展。

2.3.3　其他应用

卷积神经网络十分适合于处理计算机视觉问题。除了上述两大视觉应用，卷积神经网络在其他图像相关的任务上也表现优异，例如图像分割、骨骼识别、人脸识别、图像检索、图像标注、图像主题生成、图像内容生成等。

此外，它也能应用于非视觉领域。例如在自然语言处理中，也可以使用卷积神经网络完成词性标注、命名实体识别、语义角色标注、文本分类、文本生成、机器翻译、问答系统等。在机器人控制、信息安全流量监测等领域也有卷积神经网络的应用。

2.4　本章小结

本章主要介绍了卷积神经网络的基础操作、结构、经典网络及应用。首先从卷积神经网络的基本组件出发，介绍了卷积神经网络中基础的卷积及池化操作的实施细节和相关性质，并引申介绍了一些常见的卷积变种，包括分组卷积、空洞卷积和可变形卷积。接着介绍了深度卷积神经网络的基本结构，以及几个较为经典的卷积网络的结构思想，包括 LeNet、AlexNet、VGGNet 和 NiN 等。最后介绍卷积神经网络最广泛的两个应用——图像分类和目标检测，并分别介绍这两个应用方向上的常用网络，分别是 ResNet 和 YOLO。

第 **3** 章

循环神经网络

对于人类而言，曾经出现过的事物都会在脑海中留下记忆，并或多或少影响着之后的行为。前一章介绍的卷积神经网络就缺少这种生物学基础支持，因为它并不具有记忆功能。而循环神经网络（Recurrent Neural Network，RNN）则通过链式连接的方式完成输入信息记忆的传递，在学习序列的非线性特征时具有显著的优势。

本章首先讲解循环神经网络的基础结构，接着介绍目前使用最为广泛的两种循环神经网络变体：长短时记忆网络（Long Short-Term Memory Network，LSTM）和门控循环神经网络（Gate Recurrent Unit Network，GRU），然后阐述近期兴起的注意力机制和序列模型，最后介绍循环神经网络在自然语言理解、语音识别等领域的具体应用实践。

3.1 深度循环神经网络

对于有记忆的神经网络的研究从 20 世纪 80 年代就已经开始了，Saratha Sathasivam 提出的霍普菲尔德网络便是循环神经网络的起源，但由于实现困难，提出时并没有受到多少关注。21 世纪初深度学习的发展让循环神经网络又重回大众视野，并在语音识别、语音增强、机器翻译等多个领域取得了突破性进展。

记忆性对于神经网络来说是否必要呢？答案是肯定的。这就相当于当你在阅读这一章时，要有之前的知识储备，如果没有，那对于理解整章内容是非常不利的。

传统的神经网络是无法实现这个功能的，而循环神经网络基于记忆模型的做法，让网络在推理过程中记住前面节点的特征，用于后面节点的推理，从而不断循环完成记忆的传递。

3.1.1 循环神经网络概述

循环神经网络主要用于处理时序数据，输入是连续的序列。其基本结构较为简单，由记忆单元组成，每个记忆单元保存的内容将会和新的输入同时传入下一个记忆单元之中。所以不同于传统的神经网络只在层与层之间建立联系，循环神经网络在同一层的神经元之间也建立了连接。循环神经网络的基本结构如图 3-1 所示。

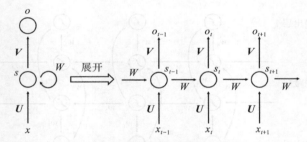

图 3-1　循环神经网络的基本结构

其中，x、o 分别表示输入向量和输出向量，s 是隐藏层的值，W 是存储的上一次隐藏层的值，U 是输入层到隐藏层的权重矩阵，V 是隐藏层到输出层的权重矩阵。若将 W 部分去除，循环神经网络也就退化成了普通神经网络。

在时间维度上展开这个结构，便可以得到图 3-1 右边所示的局部结构。重复上述基本结构，增加隐藏层的层数，便可以得到深度循环神经网络，其结构如图 3-2 所示。

从图 3-2 可以看到网络的信息传递是单方向的，但有时序列信息并不是只有单侧有用，未来的信息可能同样重要。例如，对于"今天不用去上班，我想要在家＿＿＿＿＿"这句话，我们可以在空格处填上许多可能的词语，但如果在空格后加上"电影"两个字，那么空格处填"看"的可能性就非常大了。这是无法通过普通循环神经网络建模的，所以就有了双向循环神经网络。双向循环神经网络从两个方向同时读取数据，再将网络的两个输出结合在一起形成最终的结果。双向循环神经网络的结构如图 3-3 所示。

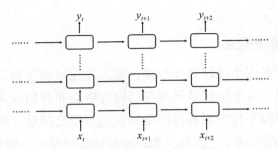

图 3-2   深度循环神经网络的结构

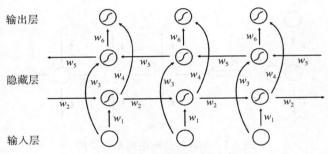

图 3-3   双向循环神经网络的结构

3.1.2   基于时间的反向传播

下面将介绍循环神经网络的传播算法，主要为前向传播和反向传播。

1. 前向传播

假设输入为一个有序序列 x，$x^{(t)}$ 表示 t 时刻的输入，$h^{(t)}$ 表示 t 时刻的隐藏状态，$\hat{y}^{(t)}$ 表示 t 时刻的输出，则有如下关系式：

$$\hat{y}^{(t)} = g(V \cdot h^{(t)} + c) \qquad (3\text{-}1)$$

$$h^{(t)} = f(U \cdot x^{(t)} + W \cdot h^{(t-1)} + b) \qquad (3\text{-}2)$$

其中：g 和 f 均表示激活函数，用于增加非线性因素，提高网络表达能力；b 和 c

为偏置值。在隐藏层中一般选择 Tanh 函数，而输出常用于分类概率估计，使用 Softmax 函数更为常见。

最终的损失函数为 $\hat{y}^{(t)}$ 和 $y^{(t)}$ 的差值，可以使用均方误差函数、对数损失函数等。

2. 反向传播

由于循环神经网络是基于时间反向传播的，所以反向传播有时也叫作 BPTT（Back-Propagation Through Time，通过时间的反向传播）。有了前向传播的基础，很容易推导出反向传播算法了。首先确定循环神经网络的损失函数，选择最常用的交叉熵损失，对于 t 时刻的损失函数可以表示为

$$L^{(t)} = -\sum_{j=1}^{|V|} y_{tj} \times \log \hat{y}_{tj} \tag{3-3}$$

累加所有时间的损失函数，得到最终的损失函数 L：

$$L = \sum_{t=1}^{T} L^{(t)} \tag{3-4}$$

需要求得的参数分别为 U、V、W、b 和 c，其中 V 和 c 相对独立，与上一时刻的值没有关系。先对 c 进行求导，表达式如下：

$$\frac{\partial L}{\partial c} = \sum_{t=1}^{T} \frac{\partial L}{\partial \hat{y}^{(t)}} \times \frac{\partial \hat{y}^{(t)}}{\partial o^{(t)}} \times \frac{\partial o^{(t)}}{\partial c} \tag{3-5}$$

其中 $o^{(t)} = V \cdot h^{(t)} + c$，显然 $\dfrac{\partial o^{(t)}}{\partial c} = 1$。根据 Softmax 函数求导公式，得到结果

$$\frac{\partial L}{\partial c} = \sum_{t=1}^{T} \hat{y}^{(t)} - y^{(t)} \tag{3-6}$$

同样对 V 进行求导，结果为

$$\frac{\partial L}{\partial V} = \sum_{t=1}^{T} \frac{\partial L}{\partial \hat{y}^{(t)}} \times \frac{\partial \hat{y}^{(t)}}{\partial o^{(t)}} \times \frac{\partial o^{(t)}}{\partial V} = \sum_{t=1}^{T} \hat{y}^{(t)} - y^{(t)} \times (h^{(t)})^{\mathrm{T}} \tag{3-7}$$

由于循环神经网络前向传播时，$h^{(t)}$ 是由 $x^{(t)}$ 和 $h^{(t-1)}$ 共同决定的，所以在反向传播时，时间 t 时的梯度损失是和时间 $t+1$ 时的梯度损失相关的，需要先求出隐藏状态的梯度。设时间 t 时的隐藏状态梯度为

$$\delta^{(t)} = \frac{\partial L}{\partial h^{(t)}} \tag{3-8}$$

根据 $h^{(t)}$ 递推公式有

$$\begin{aligned} \delta^{(t)} &= \left(\frac{\partial o^{(t)}}{\partial h^{(t)}}\right)^{\mathrm{T}} \frac{\partial L}{\partial o^{(t)}} + \left(\frac{\partial h^{(t+1)}}{\partial h^{(t)}}\right)^{\mathrm{T}} \frac{\partial L}{\partial h^{(t+1)}} \\ &= V^{\mathrm{T}}(\hat{y}^{(t)} - y^{(t)}) + W^{\mathrm{T}}\mathrm{diag}(1-(h^{(t+1)})^2)\delta^{(t+1)} \end{aligned} \tag{3-9}$$

边界条件为

$$\delta^{(T)} = \left(\frac{\partial o^{(T)}}{\partial h^{(T)}}\right)^{\mathrm{T}} \frac{\partial L}{\partial o^{(T)}} = V^{\mathrm{T}}(\hat{y}^{(T)} - y^{(T)}) \tag{3-10}$$

根据求出的 $\delta^{(t)}$ 可得到 W、U、b 的梯度表达式，其中 diag 表示对角矩阵：

$$\frac{\partial L}{\partial W} = \sum_{t=1}^{T} \mathrm{diag}(1-(h^{(t)})^2)\delta^{(t)}(h^{(t-1)})^2 \tag{3-11}$$

$$\frac{\partial L}{\partial U} = \sum_{t=1}^{T} \mathrm{diag}(1-(h^{(t)})^2)\delta^{(t)}(x^{(t)})^2 \tag{3-12}$$

$$\frac{\partial L}{\partial b} = \sum_{t=1}^{T} \mathrm{diag}(1-(h^{(t)})^2)\delta^{(t)} \tag{3-13}$$

3.1.3 循环神经网络的长期依赖问题

将循环神经网络前向传播的式（3-1）和式（3-2）反复代入，并省略偏置参数，可以得到下式：

$$\begin{aligned} \hat{y}^{(t)} &= g(V \cdot h^{(t)}) \\ &= Vf(U \cdot x^{(t)} + W \cdot h^{(t-1)}) \\ &= Vf(U \cdot x^{(t)} + W \cdot f(U \cdot x^{(t-1)} + W \cdot h^{(t-2)})) \\ &= Vf(U \cdot x^{(t)} + W \cdot f(U \cdot x^{(t-1)} + W \cdot f(U \cdot x^{(t-2)} + \cdots))) \end{aligned} \tag{3-14}$$

可以看到输出 $\hat{y}^{(t)}$ 是和 $x^{(t)}, x^{(t-1)}, x^{(t-2)}, \cdots$ 相关的,这也就是循环神经网络记忆性的来源。例如,对于"我是中国人"这句输入,网络可以较好地预测出"我会说中文"这件事。循环神经网络对于短期依赖的挖掘能力非常优秀。

但是在实际应用中,人们发现网络的记忆能力并没有想象中有效。随着时间跨度的变长,网络对于之前的输入考虑得越来越少。例如,如果在"我是中国人"之后加入大量其他的描述,网络就会渐渐忘记"我是中国人"的输入,也就不会预测出"我会说中文"。这就是循环神经网络的长期依赖问题:预测位置和记忆信息间的跨度过大,网络无法再捕捉到它们之间的联系。

从循环神经网络的传播公式也可以发现,跨度更大的输入需要经过次数更多的梯度求导,这就会导致梯度消失的问题:距离越远的输入参数权值更新缓慢甚至停滞,对输出的结果几乎无影响。

Hochreiter(1991) 和 Bengio(1994) 详细介绍了循环神经网络的长期依赖问题产生的原因以及为什么这个问题难以解决,这也大大限制了早期循环神经网络的发展。但是随着后续的研究进展,多种循环神经网络的变体的提出,这个问题已经被大致解决了。

3.2 循环神经网络变体

上一节介绍了循环神经网络的长期依赖问题,为了解决这个问题,目前有两种较为主流的网络变体:长短时记忆网络和门控循环神经网络。本节将介绍它们的具体结构。

3.2.1 长短时记忆网络

长短时记忆网络(Long Short-Term Memory Network,LSTM)是循环神经网络的一种变体,从名字就可以看出,它是为了解决循环神经网络的长期依赖问题而提出的。LSTM 的网络结构最初于 1997 年由 Sepp Hochreiter 和 Jürgen Schmidhuber 提出,并在随后的研究中被许多人改进和推广。LSTM 在文本生成、机器翻译、语音识别等许多领域中成功应用，成为使用最为广泛的循环神经网络结构之一。

3.1 节介绍了循环神经网络的基本结构，其中存在一个重复的链式结构 A 。对于传统的循环神经网络，A 中只包含一个简单的 Tanh 激活函数，如图 3-4 所示。

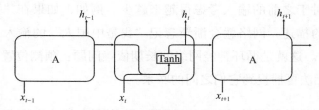

图 3-4　传统循环神经网络中的基本单元

Tanh 的函数和导数分别为：

$$Tanh(x) = \frac{e^x - e^{-x}}{e^x + e^{-x}} \tag{3-15}$$

$$Tanh'(x) = 1 - Tanh^2(x) \tag{3-16}$$

当 x 的绝对值较大时，$Tanh(x)$ 的导数会趋向于 0。这就导致了长序列情况下的梯度消失现象，进而大大限制了循环神经网络的性能。

LSTM 重新设计了这个基本单元的结构，使其可以处理长期依赖问题。其基本思想较为直接：既然原来的隐藏状态 h_t 只能记忆短期信息，那就引入一个新的状态 c_t 来记忆长期信息。其基本单元如图 3-5 所示。

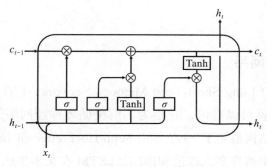

图 3-5　LSTM 的基本单元

在 LSTM 中 c_t 被称为单元状态（Cell State）。从图 3-5 可以看出，从 c_{t-1} 到 c_t 的推导过程只经历了加法和乘法。而到梯度求导时，加法不影响梯度，乘法只对梯度进行缩放，所以单元状态 c_t 不会存在梯度消失问题，也就可以保存长期记忆。

除了引入单元状态 c_t，LSTM 中另一个重要的改动就是门结构的引入。在 LSTM 中存在三种门结构：遗忘门、输入门和输出门。LSTM 使用遗忘门和输入门来控制单元状态 c_t，使用输出门来控制隐藏状态 h_t。下面将分别介绍三种门的具体结构。

1. 遗忘门

遗忘门在 LSTM 中的位置如图 3-6 所示。

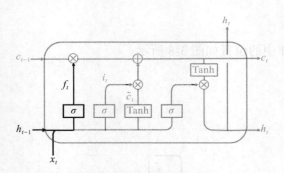

图 3-6　LSTM 中的遗忘门

遗忘门决定了上一时刻的单元状态 c_{t-1} 有多少可以继续传递至 c_t，而这一控制是由 h_{t-1} 和 x_t 共同决定的。其中 σ 和 $\otimes$ 共同构成了门控机制。这一机制在神经网络中十分常见，用于控制网络中信息的流动，一般由 Sigmoid 函数和逐点相乘构成，如图 3-7 所示。

图 3-7　门控机制

经过 Sigmoid 函数的控制部分介于 0 ～ 1 之间，0 代表不允许所有信息通过，1 代表让所有信息都继续向后传播，介于中间时则允许部分通过。

根据遗忘门的图示可得到推导公式如下：

$$f_t = \sigma(W_f \cdot [h_{t-1}, x_t] + b_f) \tag{3-17}$$

遗忘门的输入是当前时刻的输入 x_t，h_{t-1} 为上一时刻的隐藏状态，$[h_{t-1}, x_t]$ 表示两个向量的拼接，W_f 是遗忘门的权重矩阵，b_f 是遗忘门的偏置项。如果输入的维度为 d_x，隐藏状态维度为 d_h，单元状态维度为 d_c，则权重矩阵 W_f 的维度为 $d_c \times (d_x + d_h)$。也可以将权重矩阵分解，分别对应 x_t 和 h_{t-1}。

$$f_t = \sigma\left([W_{fh} \quad W_{fx}] \cdot \begin{bmatrix} h_{t-1} \\ x_t \end{bmatrix} + b_f\right) \\ = \sigma(W_{fh}h_{t-1} + W_{fx}x_t + b_f) \tag{3-18}$$

2. 输入门

输入门在 LSTM 中的位置如图 3-8 所示。

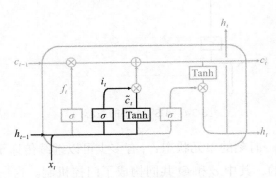

图 3-8　LSTM 中的输入门

输入门决定当前输入 x_t 有多少可以保存至单元状态 c_t，其中包括两部分——i_t 和 $\tilde{c}_t$。首先对当前输入 x_t 和上一时刻的隐藏状态 h_{t-1} 做线性变换，之后再通过一个 Sigmoid 函数将结果映射到 $0 \sim 1$ 之间得到 i_t，用于后续学习到的记忆的衰减系数，用公式表示为

$$i_t = \sigma(W_i \cdot [h_{t-1}, x_t] + b_i) \\ = \sigma\left([W_{ih} \quad W_{ix}] \cdot \begin{bmatrix} h_{t-1} \\ x_t \end{bmatrix} + b_i\right) \\ = \sigma(W_{ih}h_{t-1} + W_{ix}x_t + b_i) \tag{3-19}$$

　　然后继续对当前输入 x_t 和上一时刻的隐藏状态 h_{t-1} 做线性变换，通过 Tanh 函数得到从输入中学习到的新的"知识" $\tilde{c}_t$，用公式表示为

$$\begin{aligned}\tilde{c}_t &= \mathrm{Tanh}(W_c \cdot [h_{t-1}, x_t] + b_c) \\ &= \mathrm{Tanh}(W_{ch}h_{t-1} + W_{cx}x_t + b_c)\end{aligned}\qquad(3\text{-}20)$$

　　有了前面的基础，便可以完成单元状态的更新，即从 c_{t-1} 到 c_t 的推导，如图 3-9 所示。

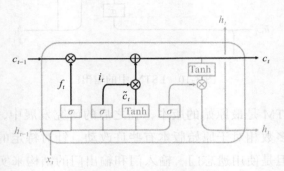

图 3-9　单元状态的更新

　　其中 $c_{t-1} \otimes f_t$ 表示从上一时刻的单元状态保留下来的内容舍弃不必继续记忆的内容。$i_t \otimes \tilde{c}_t$ 表示从新的输入和隐藏状态中蒸馏出的需要记忆的新内容，将两者相加即可得到新的单元状态 c_t。这一步可表示为

$$c_t = f_t \otimes c_{t-1} + i_t \otimes \tilde{c}_t \qquad(3\text{-}21)$$

3. 输出门

　　遗忘门和输入门共同完成了单元状态 c_t 的更新，下面介绍输出门的作用。输出门在 LSTM 中的位置如图 3-10 所示。

　　输出门将决定隐藏状态 h_t 的更新，前面提到单元状态 c_t 可以处理长期依赖问题，而隐藏状态 h_t 的更新也基于单元状态 c_t。通过 Tanh 函数将单元状态 c_t 变换至 $-1 \sim 1$，作为隐藏状态 h_t 更新的门限值，用公式表示为

$$o_t = \sigma(W_o \cdot [h_{t-1}, x_t] + b_o)$$
$$= \sigma(W_{oh} h_{t-1} + W_{ox} x_t + b_o)$$
（3-22）

$$h_t = o_t \cdot \mathrm{Tanh}(c_t)$$
（3-23）

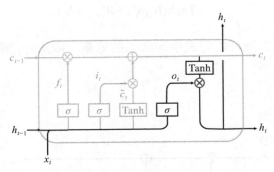

图 3-10　LSTM 中的输出门

　　上述介绍的 LSTM 是最原始的版本，在之后的研究发展中，LSTM 取得了显著成果，但是其中大多数相对于原始版本有些许改动。针对特定的任务，某种变式可能是最优的结果，但是使用遗忘门、输入门和输出门的结构来实现网络长期记忆的方法一直是 LSTM 的核心。

3.2.2　门控循环神经网络

　　门控循环神经网络（Gate Recurrent Unit Network，GRU）是 LSTM 的一种变体，由 Kyunghyun Cho 于 2014 年提出。从第 2 章的描述可以发现，LSTM 的结构是较为复杂的，这就给网络训练带来了很大压力。GRU 简化了 LSTM 的门结构，在可以达到相当效果的前提下，大大提高了计算速度，节约了计算资源。那么为什么 GRU 易于训练呢？可以先看看 GRU 的基本单元构成，如图 3-11 所示。

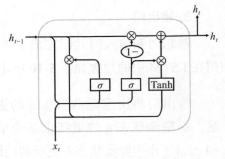

图 3-11　GRU 的基本单元构成

　　GRU 将 LSTM 中的遗忘门和输入门合并成单一的更新门，将输出门更改为重置门，同时混合了隐藏状态和单元状态。GRU 的推导过程与 LSTM 类似，此处不再赘述，直接给出结果。

1）更新门

$$r_t = \sigma(W_{rh}h_{t-1} + W_{rx}x_t + b_r) \tag{3-24}$$

2）重置门

$$\tilde{h}_t = \text{Tanh}(r_t W_{hh}h_{t-1} + W_{hx}x_t + b_h) \tag{3-25}$$

$$z_t = \sigma(W_{zh}h_{t-1} + W_{zx}x_t + b_z) \tag{3-26}$$

3）隐藏状态更新

$$h_t = (1 - z_t) \otimes h_{t-1} + z_t \otimes \tilde{h}_t \tag{3-27}$$

观察隐藏状态 h_t 的推导公式可以发现，相较于 LSTM 的两个门控变量，GRU 只使用了一个门控 z_t 便完成了"遗忘"和"选择"记忆的操作。其中 $(1-z_t) \otimes h_{t-1}$ 表示遗忘旧记忆中不重要的信息，$z_t \otimes \tilde{h}_t$ 表示从新的输入中提取出新的知识。GRU 的门控机制会选择性遗忘部分内容，但是遗忘之后需要从输入中补上缺失的部分。

GRU 的输出输入结构与传统循环神经网络类似，其内部结构与 LSTM 类似，但其网络参数更少，若考虑到计算能力和时间成本的限制，则应该选择更为简单的 GRU 结构。

3.3　序列模型和注意力机制

上一节介绍了两种使用最为广泛的循环神经网络变体——LSTM 和 GRU，两者都为循环神经网络的发展做出了重要的贡献，观察它们的结构可以发现，输入和输出的维度是相等的。而在循环神经网络应用的大多数领域，输入和输出都可能是不确定长度的，那么如果输入和输出维度不一样，要怎么处理呢？这就是下面要介绍的 Seq2Seq 序列模型以及基于它发展而来的注意力机制和 Transformer 结构。

3.3.1　Seq2Seq 序列模型

当网络输入是一个序列，输出是一个单独的值时，可以直接取最后一个记忆单元的值作为输出。在语音的说话人识别和句子的情感分析等应用场景中可以使用这种结构。当网络输入是单独的值，输出是一个序列时，可以只在第一个记忆单元输入。这种结构一般应用于生成式场景，例如根据一张图片生成相应的描述。

如果网络的输入和输出都是不定长序列，例如最常见的机器翻译任务，将英文"machine learning"翻译成中文"机器学习"，这是一个 2 个英文单词到 4 个中文字的映射，传统的循环神经网络模型是无法建模的，此时就可以使用 Seq2Seq 序列模型。

Seq2Seq 序列模型是一种重要的循环神经网络模型，由于输入和输出都是序列（Sequence），因而得名 Seq2Seq。Seq2Seq 是 Encoder-Decoder 结构的网络模型，模型包含两个部分——编码器（Encoder）和解码器（Decoder），两者都可以看成单个的循环神经网络。Seq2Seq 序列模型的整体结构如图 3-12 所示。

图 3-12　Seq2Seq 序列模型的整体结构

1. 编码器

编码器将输入序列压缩成一个特征编码 c，记忆和理解输入信息，并提取上下文的特征，提炼出的信息通常会形成一个低维的向量。编码器的结构如图 3-13 所示。

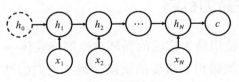

图 3-13　编码器结构

可以看到图 3-13 中的编码器就是一个简单的循环神经网络，不过只取了最后一个隐藏状态的输出。假设输入序列是 $x_1, x_2, \cdots, x_N$，在机器翻译中 x_i 就是输入句子中的第 i 个词，用公式表示编码器结构如下：

$$h_t = f(x_t, h_{t-1}) \qquad (3\text{-}28)$$

$$c = q(h_N) \qquad (3\text{-}29)$$

2. 解码器

解码器通过解析特征编码 c，提取出压缩后的高维数据特征，解码成需要的形式。解码器有多种结构，区别主要在于特征编码 c 的应用位置。下面主要介绍其中常用的三种。

第一种结构将特征编码 c 看成隐藏状态的初始条件 h'_0，并且网络不接受额外的输入，如图 3-14 所示。

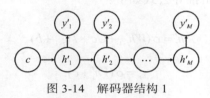

图 3-14　解码器结构 1

该结构的隐藏层及输出推导公式如下：

$$h'_1 = \sigma(Wc + b_W) \qquad (3\text{-}30)$$

$$h'_t = \sigma(Wh'_{t-1} + b_W) \qquad (3\text{-}31)$$

$$y'_t = \sigma(Vh'_t + b_V) \qquad (3\text{-}32)$$

第二种结构将特征编码 c 看成所有隐藏状态的输入，并且隐藏状态的初始条件为 0，如图 3-15 所示。

该结构的隐藏层及输出推导公式如下：

$$h'_t = \sigma(Wh'_{t-1} + Uc + b_W) \qquad (3\text{-}33)$$

$$y'_t = \sigma(Vh'_t + b_V) \qquad (3\text{-}34)$$

第三种结构比前两种复杂，虽然也是将特征编码 c 看成所有隐藏状态的输入，但是将每一个神经元的输出 y_t 同时作为输入传入下一个状态，并且隐藏状态的初始条件为0，如图3-16所示。

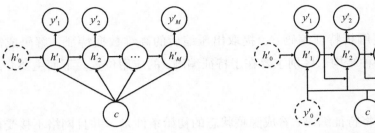

图 3-15　解码器结构 2　　　　　　　　图 3-16　解码器结构 3

该结构的隐藏层及输出推导公式如下：

$$h'_t = \sigma(Wh'_{t-1} + Uc + Ty'_{t-1} + b) \tag{3-35}$$

$$y'_t = \sigma(Vh'_t + c) \tag{3-36}$$

Seq2Seq 结构的网络模型由于适用性良好，已经广泛应用于深度学习的各个领域，上述 Seq2Seq 序列模型都只使用了最简单的循环神经网络模型。当然也可以将其替换成循环神经网络的各种变体来进一步改善 Seq2Seq 序列模型的效果，甚至不必局限于循环神经网络，基于卷积神经网络或者两者结合的研究也都获得了不错的进展。

3.3.2　注意力机制

在 Seq2Seq 序列模型的学习中，模型需要记住输入序列的整个向量，然后使用编码器将所有输入信息压缩到固定长度的特征向量中。这使得模型在学习小序列时效果很好，但当面对大序列的输入时，不论多长都会被压缩成较短的特征向量，因而很难用单一特征向量来表示其意义。越长的输入向量，反而意味着越多的信息丢失。注意力机制（Attention Mechanism）完美地解决了这一问题，显著提升了 Seq2Seq 序列模型的表现。

注意力机制的想法来源于人类的视觉机制。我们在看一幅图片时，视觉中心肯定会聚焦于某个位置，而在读某句话时，视觉中心也会聚焦于某个词语。例如对于情感分类问题，"今天我和朋友出去吃饭了，各种菜都很美味"这句话中"美味"一词肯定是对结果最有帮助的。注意力机制最初在 2014 年由 Bahdanau 用于机器翻译，现已成为神经网络领域的一个重要概念。

总的来说，注意力机制的优势主要有以下两点。

1）注意力机制参考就是将网络的"视觉中心"调整到对决策更有帮助的部分，使网络可以获取更多信息，摒弃无效或冗余信息。

2）注意力机制具有非常好的可解释性，不同向量间的注意力权值可以清晰表明网络的信息流动。之前的神经网络一般都被当作黑盒处理，无法对网络做出合理的改动。

下面介绍注意力机制的具体实现方式。在注意力机制中有 3 个重要向量，分别称为 Query（Q）、Key（K）和 Value（V）。假设有两段序列分别记为 x_t 和 x_t'，x_t 为编码器的输入，x_t' 为解码器的输出，需要由这两者确定特征向量 c。Key 和 Value 由 x_t 得到，Query 由 x_t' 得到，用公式表示如下：

$$Q = W_Q \cdot x_t' \qquad\qquad (3\text{-}37)$$

$$K = W_K \cdot x_t \qquad\qquad (3\text{-}38)$$

$$V = W_V \cdot x_t \qquad\qquad (3\text{-}39)$$

注意力机制可以理解成寻址的过程，如图 3-17 所示。Query 是一个任务相关的查询键值，而 Key 和 Value 都是从输入得到的向量，实际上在很多应用场景中它们是相同的。通过计算 Key 和 Query 的匹配程度来给 Value 分配不同的注意力权值，舍弃不必要的 Value 值，以减轻特征向量压缩信息的复杂度。

注意力机制的实际计算步骤可以归纳如下：第一步，通过计算 Query 和 Key 的匹配程度得到输入向量的权重系数；第二步，使用 Softmax 函数对权重系数进行归一化，再将权重系数与键值 Value 相乘，便得到了注意力机制下的特征向量 c。用公式表示如下：

$$\text{Attention}(Q,K,V) = \sum_i \text{Softmax}(f(Q,K_i)) * V_i$$

$$= \sum_i \frac{\exp(f(Q,K_i))}{\Sigma_j \exp(f(Q,K_j))} * V_i \tag{3-40}$$

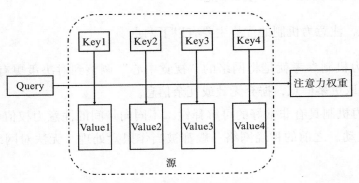

图 3-17   注意力机制的本质

其中 $f(Q,K_i)$ 表示注意力机制的权重计算，也就是打分方式，用于计算两者的相似程度。最常见的计算方法有求两者的向量点积、缩放点积、双线性模型和加性模型等，也有研究尝试通过引入额外的神经网络来求值。

向量点积：

$$f(Q,K_i) = Q \cdot K_i \tag{3-41}$$

缩放点积：

$$f(Q,K_i) = \frac{Q \cdot K_i}{\| Q \| \cdot \| K_i \|} \tag{3-42}$$

双线性模型：

$$f(Q,K_i) = Q \cdot W \cdot K_i \tag{3-43}$$

加性模型：

$$f(Q,K_i) = V \cdot \text{Tanh}(W \cdot K_i + U \cdot Q) \tag{3-44}$$

MLP 网络：

$$f(Q, K_i) = \text{MLP}(Q, K_i) \tag{3-45}$$

除了上述介绍的最原始版本的注意力机制，还有两种注意力机制最为常用，分别是多头注意力（Multi-head Attention）机制和自注意力（Self-Attention）机制。

1. 多头注意力机制

多头注意力机制的想法是通过不同的参数 W 对 Query、Key、Value 作线性变换，将其映射到不同的子空间，每个独立的注意力机制关注输入信息的不同部分，允许模型在不同子空间里学习到相关的信息，最后再将不同子空间的特征进行融合。这样就可以提升模型的信息挖掘能力，防止过拟合，公式如下。

$$\text{head}_i = \text{Attention}(QW_i^Q, KW_i^K, VW_i^V) \tag{3-46}$$

$$\text{MultiHead}(Q, K, V) = \text{Concat}(\text{head}_1, \text{head}_2, \cdots, \text{head}_h)W^O \tag{3-47}$$

2. 自注意力机制

自注意力机制是注意力机制的变体。传统的注意力机制中 Query 来自外部，但如果没有外部信息可用或者外部信息并不可靠呢？自注意力机制就是为了减少对外部信息的依赖，通过捕捉数据内部的相关性来完成特征向量的建模。自注意力机制的 Query、Key 和 Value 都是由输入 X 得到的，如下所示。

$$Q = W_Q \cdot X \tag{3-48}$$

$$K = W_K \cdot X \tag{3-49}$$

$$V = W_V \cdot X \tag{3-50}$$

自注意力机制的计算流程与普通的注意力机制大体相同，将注意力机制和 Seq2Seq 序列模型相结合可以更好地理解其作用方式，如图 3-18 所示。

注意力机制的引入使得每个 h_i' 都有自己对应的特征向量 c_i，将 h 看作 Key 和 Value，将 h' 看作 Query。根据输入的重要程度，每个 c_i 会去自动选取最适合当前输

出的上下文信息，a_{ij} 表示解码器第 i 个阶段和编码器第 j 个阶段的相关程度，用公式表示为

$$c_i = h_1 * a_{i1} + h_2 * a_{i2} + h_3 * a_{i3} + h_4 * a_{i4} \tag{3-51}$$

$$a_{ij} = \frac{\exp(e_{ij})}{\sum_k \exp(e_{ik})} \tag{3-52}$$

$$e_{ij} = f(h'_{i-1}, h_j) \tag{3-53}$$

图 3-18 基于注意力机制的 Seq2Seq 序列模型

将这个 Seq2Seq 序列模型用于机器翻译任务，例如将"机器学习"翻译成"machine learning"，如图 3-19 所示，其中圆圈更大表示权重系数更高，h_1、h_2、h_3、h_4 就可以分别看成对"机""器""学""习"四个字的编码。可以看到：对于"machine"的翻译，"机器"这两个字提供了更大的比重；对于"learning"的翻译，则主要由"学习"两个字贡献。

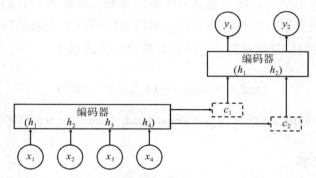

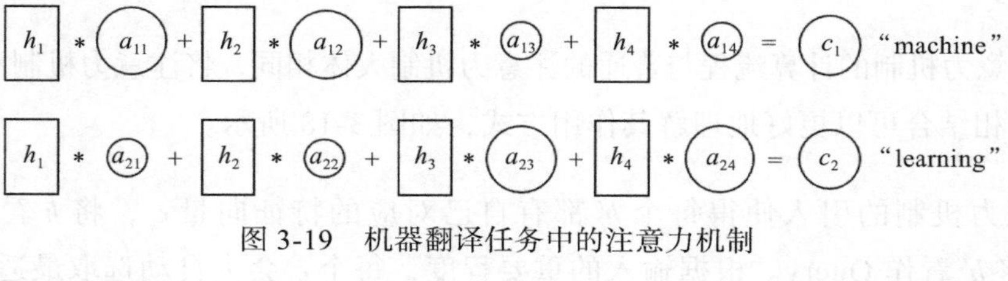

图 3-19 机器翻译任务中的注意力机制

3.3.3 Transformer 结构

注意力机制最早在视觉领域被提出，之后由于优异的性能和良好的可解释性而被广泛应用于深度学习的各个领域。基于注意力机制的 Seq2Seq 序列模型的表现虽然在各个任务中都有所提升，但是循环神经网络计算具有顺序性，每个时间步的输出需要依赖于前面时间步的输出，导致模型无法并行计算。这个瓶颈在处理大型数据集时尤为明显。而基于卷积神经网络的 Seq2Seq 序列模型虽然可以进行并行计算，但是由于占据大量内存，在大数据集上的训练仍旧十分困难。而 Transformer 的出现可以说改变了深度学习领域的发展方向，其开创性的思想破除了将 Seq2Seq 序列模型与循环神经网络划等号的思路，在各个领域大放异彩。

Transformer 结构于 2017 年由 Google 团队在 "Attention is All You Need" [17] 一文中提出，用于机器翻译任务。从论文的名字中就可以看出，Transformer 结构完全基于注意力机制。它完全抛弃了循环神经网络和卷积神经网络等网络结构，通过一次性关注整个序列，可以在远距离输入之间直接建立联系，取得了非常优异的效果。Transformer 的结构如图 3-20 所示。

Transformer 仍保留了 Seq2Seq 序列模型的 Encoder-Decoder 结构，首先对输入进行压缩编码得到输入嵌入（Input Embedding），输入嵌入 $x = (x_1, x_2, \cdots, x_n)$ 通过编码器得到连续表示 $z = (z_1, z_2, \cdots, z_n)$。

$$z = \text{Encoder}(x) \tag{3-54}$$

之后对于给定的连续表示 z，解码器生成输出 $(y_1, y_2, \cdots, y_m)$，在每一步模型都是自回归的，每一步得到的输出 $(y_1, y_2, \cdots, y_m)$ 都会用于下层解码器的输入。

$$y^i = \text{Decoder}^i(z, y^{i-1}) \tag{3-55}$$

需要注意的是，虽然这个式子与循环神经网络模型中隐藏状态的推导公式非常类似，但是两者表示的是完全不同的概念。在 Transformer 结构中，y^i 表示的是第 i 个解码器层的输出，每个 y^i 都存在 m 个元素 $(y_1^i, y_2^i, \cdots, y_m^i)$。在 Transformer 结构的编码器层或者解码器层中，输入都是可以并行计算的，x_j^i 并不完全依赖 x_{j-1}^i 的输出。下面将具体介绍编码器和解码器的实现方式。

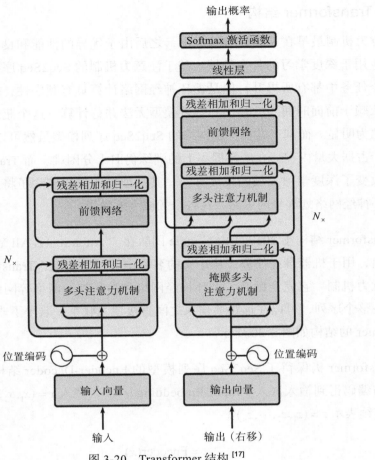

图 3-20　Transformer 结构 [17]

1. 编码器

编码器一共有 N 层，在 Google 的那篇论文中 $N=6$。每一层都包括两个子模块，分别是多头注意力机制和前馈网络（Feed Forward）。

编码器中使用的都是自注意力机制，Query、Key、Value 均由上一层的编码器输出生成，并且选择了缩放点积作为相似度计算函数，这是因为点积模型相比加性模型对矩阵计算的优化更好，在实际应用中计算更快。而缩放点积模型相比普通点积模型可以更好地缓和 Softmax 函数的梯度消失情况。Transformer 中使用的多头注意力机制如图 3-21 所示。

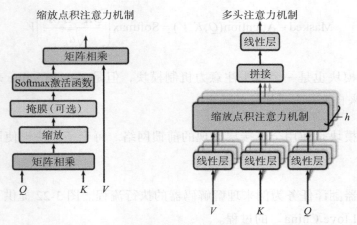

图 3-21 Transformer 中的多头注意力机制 [17]

前馈网络使用简单的全连接神经网络实现，在每个子模块中的最后都使用了残差连接（Residual Connection）和层归一化（Layer Normalization）。残差连接可以打破网络的对称性，减轻神经网络的退化问题，提高网络的表征能力。所以每个子模块的输出都是

$$Output = LayerNorm(x + Sublayer(x)) \tag{3-56}$$

Sublayer 表示第一个子模块的输出，由于使用了残差连接，所以需要保证所有子模块的输出维度都相同。

2. 解码器

有了编码器的基础，解码器就会好理解很多。解码器也有 N 层，每层包括 3 个子模块。

第一个子模块是一个多头注意力机制模块，但和编码器的子模块相比，增加了掩膜机制（Mask）。由于输入是可以直接获得的，在编码器中为了更好地编码特征向量，每个词的计算过程中都可以使用完整的输入向量，充分利用上下文信息。但解码器是用来预测的，每个词的预测过程中并没有真实的标签值可用，只能以解码器之前所预测出的词作为参考，所以需要掩膜机制将未来的信息遮蔽住。在矩阵操作中，遮蔽未来的信息只需要对矩阵乘上一个下三角矩阵 M，如下所示。

$$\text{Masked} - \text{Attention}(Q, K, V) = \text{Softmax}\left(\frac{QK^{\mathrm{T}} \otimes \boldsymbol{M}}{\sqrt{d_k}}\right)V \qquad (3\text{-}57)$$

第二个子模块也是一个多头注意力机制模块，但是 Key 和 Value 来自编码器的输出，Query 来自上一个子模块的输出。

第三个子模块是使用全连接层实现的前馈网络。每个子模块也使用了残差连接和层归一化。

下面以机器翻译任务为例来理解解码器的执行流程。图 3-22 提供了将"我爱中国"翻译成"I love China"的过程。

	解码器输入	解码器输出
第一步	输入特征编码 + 起始符 </s>	起始符 </s> + "I"
第二步	输入特征编码 + 起始符 </s> + "I"	起始符 </s> + "I" + "love"
第三步	输入特征编码 + 起始符 </s> + "I" + "Love"	起始符 </s> + "I" + "love" + "China"

图 3-22　Transformer 解码器的执行流程

第一步由于没有输出信息，只能使用起始符 </s> 作为解码器输入，之后每一步的解码器输入都会加上上一次的解码器输出。由于训练的时候有真实的标签值，使用教师强制（Teacher Forcing）的训练方式可以完成并行化训练。（由于网络前期预测错误率较高，教师强制就是在训练的每一个时刻，有一定概率使用真实标签值替换上一时刻的网络输出，加快网络前期的收敛速度。）而预测推理时，解码器的这三步则是串行执行的。

3. 位置编码

Transformer 中并不包含循环神经网络，完全由注意力机制组成，这使它可以同时处理整个输入序列，通过并行化计算减少训练时间。但是注意力机制也存在一个问题，那就是对于位置不敏感。例如，对于文字"我爱中国"和"中国爱我"的自注意力机制编码，两者只有位置上的区别，在编码内容上没有任何区别，但显然两者代表完全不同的含义。从下方的计算公式中也可以发现这个问题。其中 P_{ij} 为置换矩阵，且 $P_{ij}^{\mathrm{T}} = P_{ij}^{-1}$。

$$\begin{aligned} \mathrm{Attention}(Q \cdot P_{ij}, K \cdot P_{ij}, V \cdot P_{ij}) &= \mathrm{Softmax}\left(\frac{Q \cdot P_{ij} \cdot (K \cdot P_{ij})^{\mathrm{T}}}{\sqrt{d_k}}\right) V \cdot P_{ij} \\ &= \mathrm{Softmax}\left(\frac{Q \cdot P_{ij} \cdot P_{ij}^{\mathrm{T}} K^{\mathrm{T}}}{\sqrt{d_k}}\right) V \cdot P_{ij} \\ &= \mathrm{Softmax}\left(\frac{QK^{\mathrm{T}}}{\sqrt{d_k}}\right) V \cdot P_{ij} \\ &= \mathrm{Attention}(Q, K, V) \cdot P_{ij} \end{aligned} \quad (3\text{-}58)$$

所以在 Transformer 的结构图中可以发现，编码器和解码器前都有一个位置编码模块（Position Encoding）。位置编码模块在输入向量中加入了位置信息。位置编码方法可以大致分为绝对位置编码和相对位置编码，Transformer 中使用了前者。

（1）绝对位置编码

Transformer 中使用了三角函数式位置编码，如下所示。

$$\mathrm{PE}(\mathrm{pos}, 2i) = \sin\left(\frac{\mathrm{pos}}{10000^{\frac{2i}{d_{\mathrm{model}}}}}\right) \quad (3\text{-}59)$$

$$\mathrm{PE}(\mathrm{pos}, 2i+1) = \cos\left(\frac{\mathrm{pos}}{10000^{\frac{2i}{d_{\mathrm{model}}}}}\right) \quad (3\text{-}60)$$

其中 pos 表示位置下标，i 表示维度下标，$\mathrm{PE}(\mathrm{pos}, 2i)$ 表示位于 pos 位置向量的第 $2i$ 个分量，d_{model} 表示网络输入维度。虽然三角函数式位置编码本身是绝对位置编码，但是由于三角函数的特性，其中也包含了相对位置的信息。

根据三角函数和差化积公式，位置 $p+k$ 的向量可以用位置 p 的向量和相对距离 k 表示。三角函数式位置编码的另一个优点是具有非常好的外推性，当测试数据中出现了之前没遇到过的长度向量时，也可以很好地应用。

（2）相对位置编码

相对位置编码出现于 Google 团队 2018 年的论文 "Self-Attention with Relative

Position Representations"[18]。相对位置编码由绝对位置编码启发而来，由于自然语言处理一般更加依赖相对位置，所以相对位置编码在自然语言处理中有着优秀的表现，同时具备更好的灵活性。最初相对位置编码一般使用参数式方法，即将绝对位置替换成相对位置相关的函数。之后还出现了网络式的位置编码方法，例如在"Convolutional Sequence to Sequence Learning"[19]一文中提出了使用卷积神经网络捕捉位置信息。

3.4　循环神经网络的应用

前面介绍了循环神经网络的基本结构和各种变体，下面将从自然语言处理、语音识别和唤醒词检测三方面介绍循环神经网络在实际领域中的应用。

3.4.1　自然语言处理

自然语言处理（NLP）是语言学、计算机科学和人工智能的一个领域，涉及计算机与人类语言的交互，旨在帮助计算机理解、使用人类语言。自然语言处理已经有50多年的发展历史，一路借鉴了许多学科，试图填补人类交流和计算机理解之间的空白。虽然自然语言处理并不是一门新兴学科，但是由于人们对人机交互的兴趣日益浓厚，加上大数据、计算能力和深度学习算法的发展，该技术正在迅速成长。现在自然语言处理已经是深度学习的重要组成部分，在许多领域都有各种实际应用，包括医学辅助、搜索引擎和智能商务。

下面将从词嵌入和 Word2Vec、自然语言理解、BERT 模型三方面展开介绍。词嵌入和 Word2Vec 是自然语言处理的基础，是所有任务必备的前端预处理步骤。自然语言理解是自然语言处理的重要组成部分，意在让计算机理解人类语言。而 BERT 模型则是近些年来自然语言处理领域最闪耀的模型之一，在提出之时它在 11 项自然语言处理任务中取得了最高水平（State Of The Art, SOTA）的结果。

1. 词嵌入和 Word2Vec

词嵌入（Word Embedding）又称词向量，是用来表示词语的特征向量，是自然语言处理中非常重要的概念。Embedding 一词在数学中表示映射，词嵌入就是将词语映射入某个空间。该空间下的词语特征可以明显区别于其他词语，并且具有其独特的语义特征。词嵌入的表现形式可以大致分为两类：独热表示（One-hot Representation）和分布式表示（Distributed Representation）。

（1）独热表示

独热表示是深度学习领域常用的编码方式，它使用 0 或 1 来表征数据，使用 N 位状态寄存器对 N 个状态进行编码，每个状态有独立的寄存器，且在任意时刻仅有一个寄存器有效。图 3-23 展示了对 4 个状态进行编码的结果。

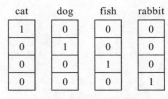

图 3-23 独热表示的示例

可以看到，独热表示非常简单，并且将不同词语划分得很明显。但是这个表示存在两个较大的缺陷。其一，由于表征的维度和词语数量相等，当应用场景的词典较大时，独热表示就会得到一个很长的特征表示。所以经常在独热表示后面接上主成分分析（Principal Component Analysis, PCA）来减少特征空间维度。其二，独热表示无法表征词语间的相似度，例如常用的余弦相似距离，由于不同编码都是正交的，它们的余弦相似距离都是 0。"man""cat""dog" 之间具有相同的相似度，这显然是不符合常理的。

（2）分布式表示

分布式表示使用固定长度的向量来表示每个词语。分布式表示最早于 1986 年由 Hinton 提出，用来解决独热表示的缺陷。通常这个固定长度是远小于词语数量的，所以这就可以解决独热表示编码过长的问题。分布式表示的编码长度 N 可以看成 N 维的特征空间，每一个维度都描述词语的一个属性。例如使用奔跑速度描述上述 4 种动物，则结果为 cat=2，dog=3，fish=0，rabbit=1。通过这种表示，词语间的相似性就已经包含在分布式表示的距离之中了。

Word2Vec 是分布式表示形式中的一种，由谷歌的 Mikolov 于 2013 年提出。它通过建模简单的神经网络模型，通过大量的数据训练，挖掘词语的本意和词与词之间的联系来建模词嵌入表示。Word2Vec 的训练模式通常有两种：CBOW（Continuous Bag-of-Words，连续词袋）模型和 Skip-gram（连续 Skip-gram）模型。简单来说，这两种模型的区别就是，CBOW 模型训练时使用上下文来预测空缺单词，Skip-gram 模型训练时使用单个单词来预测上下文。

（1）CBOW 模型

CBOW 模型由三层神经网络组成，分别是输入层、映射层和输出层，如图 3-24 所示。

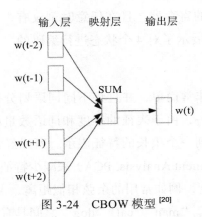

图 3-24　CBOW 模型[20]

输入为空缺单词前后各 c 个词语的向量，通常使用独热表示。之后所有输入词语的向量乘以相同的输入权重矩阵 W 并相加得到映射层。

$$Projection = \sum_{i=1}^{i=2c} x_i \cdot W \qquad （3-61）$$

其中输入权重矩阵 W 其实就是所需的词嵌入表。对于词典中的任何单词，将其独热表示与权重矩阵 W 相乘，便可以得到对应的词嵌入。首先权重矩阵 W 被赋予一个随机值，之后映射层乘以输出权重矩阵 W'，并通过 Softmax 函数，便可以得到最终的概率分布值，其中概率最大的位置就是预测出的空缺单词。

$$Output = Softmax(Projection * W') \qquad （3-62）$$

上述 CBOW 模型是最简单的形式，在实际应用中，由于词语的种类一般很多，使用 Softmax 函数计算最终的概率分布会对计算资源有较大需求，所以会使用分层

Softmax（Hierarchical Softmax）或负采样的训练技巧来加速训练过程。

Hierarchical Softmax 是对 Softmax 函数的改进，它将输出层替换为一棵霍夫曼树，叶子节点为词典中的词语，构建依据便是各词的出现频数，其本质是把 N 分类问题变成 $\log(N)$ 次二分类。

而 Negative Sampling 则是将构建霍夫曼树改为随机负采样方法。由于构建叶子节点为 N 的霍夫曼树需要新添 $N-1$ 个节点，当树的深度增加时，计算量也会大大增加。而 Negative Sampling 通过正负样本的标记将预测结果简化为预测总体样本的一个子集。

（2）Skip-gram 模型

Skip-gram 模型和 CBOW 模型正好相反，它通过一个单词的输入预测前后各 c 个单词，如图 3-25 所示。Skip-gram 模型也是由输入层、映射层和输出层组成的，内部推理过程和后续优化都与 CBOW 模型类似，此处不再具体说明。

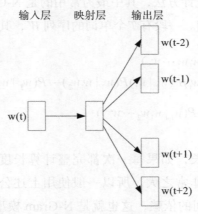

图 3-25　Skip-gram 模型 [20]

2. 自然语言理解

自然语言处理可以分为自然语言理解（Natural Language Understanding, NLU）和自然语言生成（Natural Language Generation, NLG）。其中自然语言理解负责让计算机理解人类语言，自然语言生成负责让计算机生成人类可以理解的语言。两者都是自然语言处理的重要组成部分，在很多任务中会同时出现。例如机器人对话系统，首先需要分析和理解输入语句的含义，才能根据分析得到的信息生成相应的回复。

自然语言理解任务可以分为词性标注、句法分析、文本分类等。由于人类语言的多样性，相同词语在不同语境中可以具有完全不同的含义，任务通常具有较大难度。自然语言处理的发展过程与人工智能类似，可以分为基于规则的方法、基于统计的方法和基于深度学习的方法。基于规则的方法通过总结规律来判断自然语言的意图，常用的方法有上下文无关文法。基于统计的方法则对语言信息进行统计和分析，并从中挖掘出语义特征。而基于深度学习的方法就是上述介绍的各种深度学习网络模型。

自然语言理解包含的任务较多，这里不具体介绍每个任务的模型结构，而重点介绍在所有任务中都非常重要的概念——语言模型（Language Model, LM）。语言模型用来判断语句的合理性，也就是判断一句话是不是由"人类"说的。例如"我今天去看了电影"和"我电影去看了今天"这两句话，显然第一句是更合理的结构。

传统的语言模型使用统计方法，其中最为常用的是 N-Gram 模型。N-Gram 模型以贝叶斯条件概率公式为基础。一段有 T 个单词的序列 W，其出现的概率可以表达为

$$
\begin{aligned}
P(W) &= P(w_1 w_1 \cdots w_T) \\
&= P(w_1)P(w_2 \mid w_1)P(w_3 \mid w_1 w_2) \cdots P(w_T \mid w_1 w_2 \cdots w_{T-1}) \\
&= \prod_{i=1}^{T} P(w_i \mid w_1 w_2 \cdots w_{i-1})
\end{aligned}
\tag{3-63}
$$

由于单词序列可能很长，如果每一次都完整计算长度为 T 的单词序列出现的概率，对计算资源的消耗将非常之大。所以一般使用上述公式的简化版本，只考虑每个单词与前 $n-1$ 个单词之间的依赖，这也就是 N-Gram 模型的公式：

$$
P(W) = \prod_{i=1}^{T} P(w_i \mid w_{i-n+1} w_{i-n+2} \cdots w_{i-1})
\tag{3-64}
$$

根据 n 的取值不同，该模型可以分为 unigram（$n=1$）、bigram（$n=2$）和 trigram（$n=3$）。显然 n 越大，N-Gram 模型的精度就越高。但是当 n 大于 3 时，由于计算量过

大，在实际应用中就很少见了。

那么如何计算条件概率公式呢？一般使用最大似然估计（Maximum Likehood Estimation, MLE）计算，可以将条件概率表达为

$$P(w_i \mid w_{i-n+1}w_{i-n+2}\cdots w_{i-1}) = \frac{C(w_{i-n+1}w_{i-n+2}\cdots w_{i-1}w_i)}{C(w_{i-n+1}w_{i-n+2}\cdots w_{i-1})} \tag{3-65}$$

其中 $C(w_{i-n+1}w_{i-n+2}\cdots w_{i-1}w_i)$ 表示序列 $w_{i-n+1}w_{i-n+2}\cdots w_{i-1}w_i$ 在语料库中出现的概率。这就需要有一个足够大的语料库来支持语言模型的建模。但任何语料库都无法避免缺失某些语句的情况，毕竟人类语言实在是太丰富了。如果一个句子在语料库中没出现过，它的最大似然估计就必然是零，这显然是不合理的。所以会在最大似然估计中加入常数项来避免这种情况。

著名的 N-Gram 数据库有 Google Books Ngram Viewer（https://books.google.com/ngrams）。Google 于 2019 年利用手里的 520 万本数字化图书制作了这个书籍词频统计器并更新至今。对于 Language Model 这个词，我们可以查询到在 2019 年的出现概率为 0.0000012405%（如图 3-26 所示）。

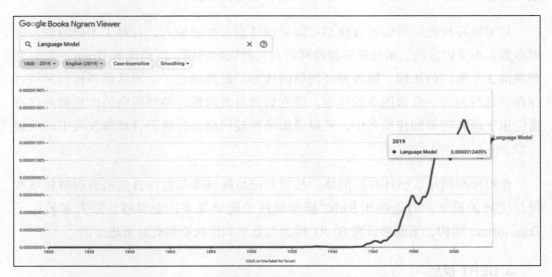

图 3-26　Google Books Ngram Viewer

基于循环神经网络的语言模型（RNNLM）也用于计算句子出现的概率，但不再基于统计学方法，而使用神经网络建模。基于循环神经网络的语言模型可以利用词语间的上下文关系，因此它对语句之间关系的建模能力比 N-Gram 模型更强，结构与之前介绍的循环神经网络类似，如图 3-27 所示。

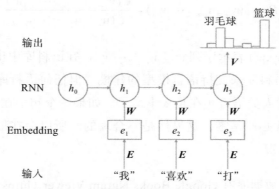

图 3-27　基于循环神经网络的语言模型

与普通的循环神经网络相比，图 3-27 增加了一层 Embedding 层，用于生成词嵌入。该层可以同整个语言模型一起训练，也可以选择成熟的词嵌入算法固定不变。最终的输出经过 Softmax 层后，便得到不同词语的出现概率。

基于循环神经网络的语言模型可以处理任意长度的输入，且对于不同的输入模型参数大小是固定的。虽然循环神经网络有长期依赖问题，但相比 N-Gram 一般只能获取前 3 个单词的依赖，循环神经网络的性能足以超越它了。当然循环神经网络也存在训练时间长、收敛困难的问题。所有后续对普通循环神经网络的改进都可以直接应用于语言模型的建模当中，可以说循环神经网络是自然语言理解发展中的关键一步。

卷积神经网络、循环神经网络、长短期记忆网络等都曾在自然语言理解领域取得过优异的成绩，而近些年 BERT 模型取得的优异成果让业界将注意力都转向了 Transformer 结构，下面来研究 BERT 模型究竟是如何获得如此显著进步的。

3. BERT 模型

BERT 模型来自 Google 的论文" Pre-training of Deep Bidirectional Transformers for Language Understanding"[5]。BERT 的全名为 Bidirectional Encoder Representations from Transformers（基于 Transformer 搭建的双向编码器），是一个通用的语言模型。只要对模型结构进行简单微调，便可以将其应用于各种自然语言处理任务中。在提出之时，BERT 模型在 11 项自然语言处理任务上取得了最新的成果，包括在综合语言理解测评（General Language Understanding Evaluation, GLUE）中得到 80.5% 的分数，接近人类的阅读理解水平。

提到 BERT 模型，就肯定离不开 OpenAI GPT 模型和 ELMo 模型，可以说它们就是 BERT 模型结构的来源，三者的结构对比如图 3-28 所示。ELMo 模型使用两个双层 LSTM 网络建模：第一个 LSTM 网络的输入为正序单词序列，捕捉前文信息；第二个 LSTM 网络的输入为逆序单词序列，捕捉后文信息。最后将两者的特征直接拼接。所以 ELMo 模型可以通过单词的上下文依赖来构建词向量。OpenAI GPT 则使用双层的 Transformer 网络建模，Transformer 中均使用掩膜注意力机制（Masked Attention），每个位置的词语都只能使用之前的词语作为建模条件，所以虽然 Transformer 的特征提取能力远强于 LSTM，但 OpenAI GPT 只能提取前文信息。

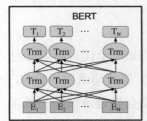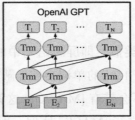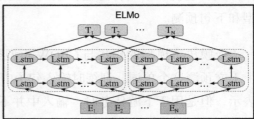

图 3-28　BERT、OpenAI GPT 和 ELMo 结构对比[5]

BERT 则融合了两者的优势，使用 Transformer 结构实现了双向编码器，BERT 模型的结构如图 3-29 所示。从图中可以看到 BERT 的训练包括两个阶段：预训练（Pre-training）和微调（Fine-tuning）。预训练和微调是深度学习领域常用的训练方式。深度学习的任务大多需要有标签的数据，而大多数数据都是无标签的，不可能对任意任务的所有数据打标签，同时也有训练时间和迁移性方面的考虑，因此一般会选择一个大型数据集完成模型的初步训练。但再大的数据集也无法概括所有可能的数据信息，与实际要使用的数据集可能并不匹配。所以不能直接使用第一步训练完的模型，而要在新的数据库或下游任务上重新训练，进行微调。

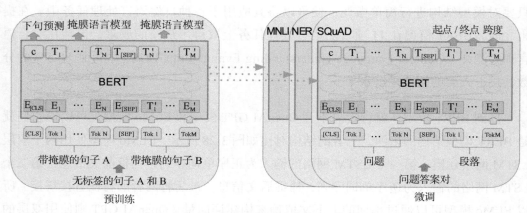

图 3-29   BERT 模型的结构 [5]

（1）预训练

由于 BERT 模型的双向结构在预训练过程中需要使用与传统语言模型训练不同的方式，它提出了两种无监督预训练任务（在训练中同时进行），分别是掩膜语言模型和下句预测。

掩膜语言模型的想法与 CBOW 模型类似，即屏蔽语句中的某个单词，然后通过上下文预测这个单词。训练时输入句子中 15% 的单词会被屏蔽，屏蔽词语用 [MASK] 表示，但是用于下游任务时，输入中并不会带有 [MASK]，这就会导致预训练和微调不匹配。所以并不会对所有输入句子都进行 [MASK] 处理，而是对 80% 的数据使用 [MASK] 标记，对 10% 的数据使用随机标记，对另外 10% 的数据使用原单词。

第二个预训练任务是下句预测，这是由于许多下游任务，如问答系统、自然语言推理，都需要理解两个句子之间的联系。在掩膜语言模型任务中，这是无法学习到的信息。在下句预测中，每回在网络中输入两个句子 A 和 B，其中 50% 的组合中 B 是 A 真实的下一句话，另外 50% 的组合中 B 是从语料库中随机抽取的，二值化网络需要判断两者是否为真实的组合。

由于两个任务需要在预训练中同时训练，BERT 模型需要对网络的输入做调整，

图 3-30 即 BERT 模型的输入表示。每个输入单词都包含三个向量（Embedding）表示：词向量（Token Embeddings）、句向量（Segment Embeddings）和位置向量（Position Embeddings）。词向量就是之前提到的词嵌入，是每个单词特有的表示。句向量是句子的表示，每个句子中的单词都具有相同的句向量。位置向量则是位置的表示，只与单词所在的位置有关，这也是为了解决 Transformer 对位置不敏感的问题。

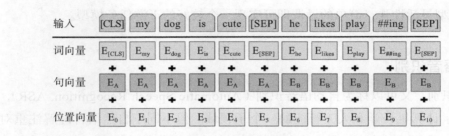

图 3-30　BERT 模型的输入表示 [5]

（2）微调

BERT 模型可以对许多自然语言处理任务进行建模，但对于不同的任务，直接使用 BERT 模型肯定是不现实的，微调主要是针对下游任务进行模型结构的微调。下面将结合几种常见的任务来介绍如何实现微调。

1）对于单句分类任务，如情感分类、文本分类等任务，只需要将 BERT 模型的输入改为单句话，同时取 [CLS] 标记对应的输出作为分类概率。

2）对于句子相关性判断任务，如自然语言推理、问题对判断，给出两个句子，判断它们是否存在某种关系。对于这类任务不需要改动输入，只需要取 [CLS] 标记对应的输出作为分类概率。

3）对于序列标注任务，如词性标注、中文分词，由于它们要求对每个单词都给出相应的分类，所以只需要在 BERT 模型的输出层上加一层分类层即可。

4）对于阅读理解任务，如机器翻译、聊天问答，它们要求模型生成一段回答的话，BERT 模型将问句作为第一段话输入，将回答参考段落作为第二段话输入，最后取回答参考段落对应的输出作为答案。

可以看到，BERT 模型对于各种任务都具有很好的适用性，这也是 BERT 优于

ELMo 之处。

总结一下，BERT 模型的优势可以归纳为以下几点：

1）基于 Transformer 的双向编码器利用 Transformer 强大的特征提取能力，充分挖掘前后文之间的联系；

2）无监督微调的训练方式使得预训练模型对于下游任务有着很强的普适性；

3）模型灵活性强，简单的微调即可实现一个较好的下游任务模型。

3.4.2　语音识别

语音识别，又可以称为自动语音识别（Automatic Speech Recognition, ASR），也是语言学、计算机科学和人工智能的一个子领域。但不同于自然语言理解注重对文本的分析，语音识别是让机器理解人类的语音，将声音信号转换成对应的文本内容。

语音识别的历史最早可以追溯到 20 世纪 50 年代，AT&T 贝尔实验室发布了名为 Audry 的系统，该系统可以完成十个英文数字的识别。但由于当时硬件和软件水平的限制，语音识别的准确率和速度远没有达到可以应用的水平，所以早期的语音识别技术并没有引起太多的重视。20 世纪 70 年代，统计概率模型的发展大大提高了语音识别的准确率和稳定性，其中隐马尔可夫模型可以说是语音识别领域的主宰，语音识别已经初步应用于商业。直到 2009 年深度学习的兴起，语音识别技术飞速发展，在某些安静环境、标准口音、常见词汇的场景下，语音识别系统的准确率已经可以媲美人类水平。而现如今，如智能手机、智能音箱等智能设备都已经配备语音识别模块，语音交互提供了一种快捷有效的人机交互方式。可以预见，语音识别必将是未来人机交互的重要接口。

首先介绍传统的语音识别方法，即概率模型。假设输入音频为 Y，对应的单词序列是 $\hat{w}$，那么语音识别任务就可以表征为在已知输入音频 Y 的情况下，求最大概率的单词序列 w，如下所示。

$$\hat{w} = \underset{w}{\mathrm{argmax}}\{P(w|Y)\} \tag{3-66}$$

使用贝叶斯概率公式对上式进行变换得到：

$$\hat{w} = \underset{w}{\mathrm{argmax}}\{P(w\,|\,Y)\}$$

$$= \underset{w}{\mathrm{argmax}}\left\{\frac{P(Y\,|\,w)P(w)}{p(Y)}\right\} \qquad (3\text{-}67)$$

$$= \underset{w}{\mathrm{argmax}}\{P(Y\,|\,w)P(w)\}$$

由于 Y 为确定的输入音频，所以 $p(Y)$ 为一定值，可直接忽略。现在语音识别概率模型被分成了两部分：$P(Y\,|\,w)$ 和 $P(w)$。$P(Y\,|\,w)$ 表示在已知单词序列 w 的情况下，特定音频 Y 的出现概率，在语音识别系统中这一部分被称为声学模型。而 $P(w)$ 则表示特定单词序列 w 的出现概率，这一部分之前讲解语言模型时已经介绍过，此处不再赘述。

传统语音识别系统如图 3-31 所示，包括特征提取、声学模型、语言模型和解码器四部分。在建立声学模型之前，首先需要对输入音频进行特征提取，将输入音频转变成机器能理解的音频特征。一般原始音频中都会带有许多冗余信息，通过特征提取可以压缩输入信息，同时选取符合人耳听觉特性的特征，在一定程度上滤除非语音信号，可以更好地建立声学模型。常用的特征提取方法有线性感知预测（Perceptual Linear Prediction, PLP）、基于滤波器组的 Fbank 特征（Filter-bank）、梅尔频率倒谱系数（Mel Frequency Cepstrum Coefficient，MFCC）等。

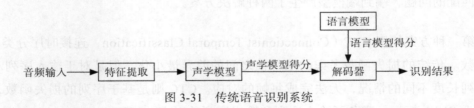

图 3-31　传统语音识别系统

在深度学习提出之前，声学模型的建模基本采用混合高斯模型 – 隐马尔可夫模型（GMM-HMM）建模。隐马尔可夫模型对语音信息进行建模，一个声学模型就是一组隐马尔可夫模型的集合。对于每个隐马尔可夫模型，高斯混合模型的想法是通过若干个高斯分量的加权叠加，拟合出任意分布的概率模型，对属于该状态的语音特征向量的概率分布进行建模。混合高斯模型 – 隐马尔科夫模型没有利用帧的上下文信息，也无法学习信号的深层特征。

直到 2009 年，Hinton 将深度神经网络应用于语音的声学建模，在当时 TIMIT 数据集上取得了最佳识别效果。之后深度神经网络与隐马尔可夫模型的结合（DNN-HMM）成为主流，相比传统基于 GMM-HMM 的语音识别系统，DNN-HMM 不需要对语音数据分布进行假设，而且可以通过拼接相邻帧完成上下文信息的挖掘。虽然 DNN-HMM 的效果更佳，但它对于计算资源的消耗也更大，如果使用 CPU 训练，动辄可能花费数周。考虑到语音帧之间的长时相关性，仅依靠 DNN-HMM 拼接相邻帧肯定是无法实现的，于是循环神经网络被引入语音识别任务之中。通过循环神经网络隐层的循环反馈，完成语音帧信号的长时相关性建模，而循环神经网络的时序特性也与语音信号十分契合。长短期记忆网络是目前在声学模型中广泛应用的一种循环神经网络，它通过精心设计的三种门结构来控制信息的存储、输入和输出，对长时相关性的建模能力进一步提升，在语音识别领域获得了优异的效果。

随着深度学习的进一步发展，端到端（End-to-End）的语音识别模型逐渐成为主流。端到端的模型仅使用单个网络模型完成整个任务，省去了多模块系统的烦琐，简化了语音识别系统的建模过程。虽然端到端的语音识别模型非常方便，但是将所有的功能都统一到一个模型之中，不仅无法判断不同部分对于最终结果的贡献程度，增加进一步优化的难度，也降低了网络的可解释性。端到端的语音识别系统中，神经网络的模型结构相比之前并没有太大的变动。但为了解决输入序列和输出序列长度不匹配的问题，端到端模型产生了两种解决方案。

第一种方案使用 CTC（Connectionist Temporal Classification，连接时序分类）损失函数。传统的损失函数考虑的是每帧之间的差异最小化，但是对于输入序列和输出序列长度不同的情况，无法完成每帧的对应。CTC 则是基于序列的损失函数，通过引入 Blank 标记，避免了输入序列和输出序列的对齐。LSTM、GRU、BiLSTM 等循环神经网络都可以与 CTC 损失函数直接结合，实现端到端的语音识别模型。

第二种则是 Seq2Seq 模型。前文已经介绍过 Seq2Seq 模型可以解决输出序列和输出序列长度不匹配的问题，因而很适合应用于端到端的语音识别任务。基于卷积神经网络、循环神经网络或注意力机制的 Seq2Seq 模型都在语音识别任务中有所应用。近些年 Transformer 模型的火热使得其在语音识别领域也有所建树。例如 2020 年 Google 发布的 Transformer Transducer 将 Transformer 和 RNN-T 相结合，实现了实时语音识别，并在 Librispeech 数据库上获得了最高水平的识别结果，为端到端语音识别的发展做出了重要贡献。

3.4.3 唤醒词检测

唤醒词检测旨在检测连续音频信号中唤醒词的出现，是语音识别的一个子领域。随着语音识别技术的发展，唤醒词检测逐渐成为人机交互的重要途径。例如亚马逊的 Amazon Echo 使用 Alex 来唤醒，苹果的 Apple Siri 则使用 Hey, Siri 来唤醒。不同于传统的语音识别系统，唤醒词检测系统对于计算消耗、识别精度和响应速度都有着较高的要求。例如上述各类商用系统一般都在本地低资源设备上运行，实时响应和高精度决定了良好的用户体验。

唤醒词检测一般使用错误接受率（False Accept Rate, FAR）和错误拒绝率（False Reject Rate, FRR）来评价系统性能。错误接受率表示用户虽然没有说唤醒词，但是系统却被误唤醒了。若频繁出现误唤醒，用户体验肯定将大打折扣。很多唤醒词检测系统使用多个单词或多音节单词作为唤醒词，就是因为音节越短，误唤醒的概率就会越高。而错误拒绝率则是虽然用户说了唤醒词，但系统没有被唤醒。错误接受率和错误拒绝率在某种程度上是相互影响的，降低错误拒绝率就有可能提高错误接受率，而一个良好的唤醒词检测系统应该同时保证较低的错误接受率和错误拒绝率。

唤醒词检测的发展历程和语音识别类似，也经历了三个阶段。

第一阶段，唤醒词检测主要基于模板匹配的方法对唤醒词进行特征提取，构建标准模板。对于后续的输入语句分别提取特征，与标准模板进行比对，一般使用动态时间规整（Dynamic Time Warping, DTW）等方法度量特征之间的距离。

第二阶段则由隐马尔可夫模型主导。隐马尔可夫模型会为唤醒词和非唤醒词分别建立一个模型，当有输入语句时，会分别送到两个模型进行打分，经过综合判断得到结果。相比最早期的模板匹配方法，这种方式的识别准确率有了大幅提升。

而第三个阶段就是神经网络的应用。神经网络在唤醒词检测中的应用有多种方式，例如：在模板匹配方法中使用神经网络提取特征；在隐马尔可夫模型中融合神经网络，进一步提高准确率；当然最直接的方式就是使用端到端的神经网络直接对唤醒词检测任务进行建模。长短时记忆模型、Seq2Seq 模型和 Transformer 模型等都在唤醒词检测领域有着广泛的应用。

高精度、低延时和低端计算资源的矛盾一直都是唤醒词检测领域的发展瓶颈。对于高精度的需求，循环神经网络的引入显著提高了识别精度。但用户对于体验的追求越来越高，如远场交互、嘈杂环境识别、声纹检测等，这已经不是单独的唤醒词检测可以做到的，还需要结合语音处理其他领域的研究成果。同时，神经网络的引入使得对于计算资源的需求显著提高，一般可以使用模型压缩策略减小神经网络模型的大小，并保证识别精度的下降在可接受范围内。可以说对于唤醒词检测系统的要求越来越高，虽然已经有了不少商用案例，但是唤醒词检测领域仍有较大的提升空间。

3.5　本章小结

本章从循环神经网络的基础结构出发，介绍了传统循环神经网络的反向传播过程。循环神经网络的链式结构模拟了人类的记忆行为，通过记忆的传递，在学习序列的非线性特征时有着显著优势。但是传统循环神经网络同时也存在长期记忆依赖，为了解决此问题，出现了两个目前使用最为广泛的循环神经网络变体：长短期记忆网络（LSTM）和门控循环神经网络（GRU）。两者在文本生成、机器翻译和语音识别等多个领域都有着成功应用。

而为了处理不定长序列问题，Seq2Seq 序列模型被提出，Seq2Seq 序列模型通过编码器将输入序列压缩为特征表示，再经过解码器将压缩后的低秩信息还原成所需形式。Seq2Seq 序列模型可以使用任意神经网络模型实现，比如循环神经网络和卷积神经网络。

注意力机制来源于人类的视觉机制，通过将网络的"视觉中心"调整到对决策更有帮助的部分，摒弃无效或冗余信息，使网络可以获取信息。相对于之前以"黑盒"处理的神经网络，注意力机制有着良好的可解释性。而以注意力机制为基础的 Transformer 结构是近些年深度学习领域的重点，它改变了深度学习领域的发展方向，完全抛弃了循环神经网络和卷积神经网络等结构。它通过注意力机制一次性关注整个序列，挖掘信息间的长时联系，取得了非常优异的效果，同时 Transformer 结构的并行计算也是其相对于循环神经网络的重要优势。

最后从自然语言处理、语音识别和唤醒词检测三方面介绍了循环神经网络在实际领域的应用，可以说循环神经网络现在已经是各个领域的重要组成部分。

第 4 章

深度神经网络的训练

一个神经网络要在特定的任务中投入使用，就必须经过训练。训练本质上是寻找产生最佳结果的方法，即经过训练使神经网络能对任何给定的输入始终产生所需的输出。深度神经网络训练的过程其实就是一个调整模型参数的过程，基于数据不断迭代来使损失函数最小化，从而找到最佳模型参数。

本章介绍深度神经网络训练，首先讲解训练前的数据准备、权重初始化和一些相关概念，然后介绍神经网络训练过程中的常用技巧以及其他改善模型表现的方法，最后引入一个实例，真正着手训练一个神经网络。

4.1 深度学习的学习策略

在训练开始之前，我们首先要准备好数据集、确定评估指标并对权重进行初始化。本节将介绍数据集划分和评估指标，如何根据偏差、方差和误差分析网络性能，以及网络权重的初始化。

4.1.1 数据集划分和评估指标

在深度神经网络的实际应用中，由于需要将模型应用到真实的场景，因此希望模型能够在真实数据上达到良好的效果，也就是说希望模型在未知数据上的预测能力要好。为了更好地调整模型和评估模型，我们需要对数据集进行划分，通常可以划分为相互独立的三个部分：训练集、验证集和测试集。

顾名思义，训练集就是用于训练模型内部参数的数据样本，它通过直接参与梯度下降来调整参数、拟合模型。而验证集用于在训练过程中检验模型的状态，对模型的性能进行初步评估，通常用于调整超参数和监控模型收敛情况。直观上，验证集并没有参与训练，也没有参与梯度下降过程；但是训练过程中通常会根据验证集的结果调整迭代数、学习率等超参数，来使得结果在验证集上最优，因此在某种意义上可以说验证集也参与了训练。

如此，基于训练集和验证集，我们确定了模型的超参数和参数，那么要如何评估这个模型的最终性能呢？为了衡量模型在未知数据上的表现，我们期望有一个完全没有经过训练的集合，它既不参与梯度下降，也不用于控制超参数，而只是在模型最终训练完成后用来测试一下最终的表现，这便是测试集。

总之，整个神经网络学习的流程是：将训练集用于梯度下降，不断迭代模型参数；迭代过程中观察模型在验证集上的性能，从而对学习率、迭代次数等超参数进行调整，直到在验证集上得到令人满意的性能；最后使用一个无偏的测试集评估模型的性能。

那么具体如何划分数据集呢？

对于小数据集，我们通常将取得的全部数据按 60：20：20 的比例划分为训练集、验证集和测试集。而对于规模很大的数据集，就可以减少验证集和测试集的比例，将大量数据分到训练集，将少量数据分到验证集和测试集，因为一般而言并不需要使用太多样本进行评估（需要极其精确的指标的情况除外）。比如对于一个包含一百万个样本的数据集，按 98：1：1 的比例划分为训练集、验证集和测试集可能更合理，因为也许一万个样本对于验证集和测试集来说就能以足够高的置信度来给出性能指标了。

而在实践中，有人仅仅将数据集划分为训练集和测试集。对于这种划分，有以下两种情况。

一是使用测试集参与迭代过程中的评估，所以实际上将这里的测试集看成验证集更为贴切。这种情况下，没有真正意义上的测试集来给出最终模型的无偏的评估结果。

二是使用交叉验证方法，即将划分的训练集随机等分为 k 份，取其中的 $(k-1)$ 份训练模型并用剩余的 1 份作为验证集评估模型。重复上述步骤 k 次，每次都取不同的 1 份作为验证集，最后综合这 k 次评估结果评估模型。这种情况下，划分的训练集中实际上包含了训练集和验证集。

若将数据集划分为训练集和测试集：对于小数据集，我们通常将取得的全部数据按 70∶30 的比例分成训练集和测试集；对于大数据集，同样可以减少测试集的比例。

通过上述方法，我们对数据集进行了划分，接下来就需要设定科学的评估指标，从而能够使用验证集和测试集基于这些指标对模型进行评估。下面简单介绍深度学习领域中几个常用的评价指标，包括准确率（Accuracy）、精确率（Precision）、召回率（Recall）、F1-score、ROC 与 AUC 等。

在介绍各个评估指标之前，首先需要了解，TP（True Positive）和 FP（False Positive）分别为正例预测正确和预测错误的个数，TN（True Negative）和 FN（False Negative）分别为负例预测正确和预测错误的个数。

准确率为模型的准确率，是预测正确的样例数占所有样例数的比例，它在某种意义上可用于评判分类器是否有效，计算公式为

$$ACC = \frac{TP + TN}{TP + TN + FP + FN} \tag{4-1}$$

精确率也叫查准率，表示被预测为正样本的样例中预测正确的样例的占比，计算公式为

$$P = \frac{TP}{TP + FP} \tag{4-2}$$

召回率也叫查全率，表示所有正样本样例中被正确识别为正样本的样例的占比，计算公式为

$$R = \frac{\text{TP}}{\text{TP} + \text{FN}} \qquad (4\text{-}3)$$

召回率和精确率之间往往需要折中，两个指标要兼顾，因此提出综合评估指标（F-measure），计算公式为

$$F = \frac{\alpha^2 + 1}{\alpha^2} \times \frac{P \times R}{P + R} \qquad (4\text{-}4)$$

当参数 $\alpha = 1$ 时，就是 F1-score。F1-score 是召回率和精确率的调和平均，即

$$F_1 = \frac{2}{\frac{1}{P} + \frac{1}{R}} = 2 \times \frac{P \times R}{P + R} \qquad (4\text{-}5)$$

ROC（Receiver Operating Characteristic，受试者工作特征）曲线展示不同判断标准（如分类阈值）下的评估结果。其纵坐标为正例的成功预测率 $\left(\text{TPR} = \dfrac{\text{TP}}{\text{TP} + \text{FN}}\right)$、横坐标为负例的错误预测率 $\left(\text{FPR} = \dfrac{\text{FP}}{\text{TN} + \text{FP}}\right)$。TPR 越高，FPR 越低（即 ROC 曲线越陡），那么模型的性能就越好。如图 4-1 所示，两条 ROC 曲线中曲线 A 所代表的分类器效果优于 B。而 AUC（Area Under Curve）的定义为 ROC 曲线下的面积，它能够反映样本数据集偏斜时分类器的性能。AUC 越接近 1，说明分类器的性能越好。

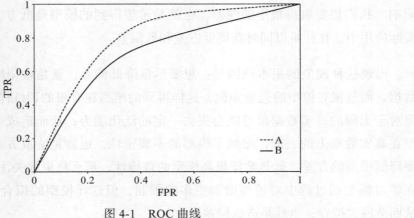

图 4-1　ROC 曲线

除了以上介绍的评估指标外，还有识别和回归算法中常用的交并比（IoU）、均值平均精度（mAP），分割任务中常用的 Dice 相似系数、Hausdorff 距离，生成任务中常用的 Inception Score、Wasserstein 距离等诸多指标，感兴趣的读者可以自行查阅。

4.1.2　偏差、方差和误差

不管在机器学习还是在深度学习中，我们都经常听到偏差（Bias）、方差（Variance）和误差（Error）这三个概念，实际上它们也是用于描述模型质量的评价指标。那么在这里它们分别指什么呢？

偏差指所有采样得到的训练集训练出的所有模型在样本上的预测输出均值与真实值之间的差别，即模型本身的精确度，反映的是模型对样本的拟合能力。模型复杂度上升，模型对训练样本的拟合程度升高，则偏差降低，反之则偏差升高。

这里的方差指所有采样得到的训练集训练出的所有模型在样本上的预测输出的方差，用于描述模型的稳定性，度量的是训练样本变动所导致的学习性能的变化，即刻画了数据扰动所造成的影响。模型复杂度降低，则方差降低，反之则方差升高。

误差包含训练误差和测试误差，如图 4-2 所示，误差 = 偏差 + 方差。误差反映的是整个模型的准确度，与偏差和方差都有关系。其中由偏差带来的误差主要体现为训练误差，包括训练得到的预测期望离样本真实期望的距离及训练集上的误差。由方差带来的误差主要体现为测试误差相对于训练误差的增量，体现了数据扰动的影响。我们想要取得最小的误差，也就是希望得到的模型是低方差、低误差的。但实际应用中，往往难以同时获得低方差和低误差。

出现这种现象的根本原因是：想要尽量降低偏差，就是希望模型尽量拟合训练数据，而忽视对模型的先验知识，这样得到的模型在有限的训练样本上准确率很高，但对于无限的真实数据很可能会失去一定的泛化能力，从而造成过拟合，降低了模型在真实数据上的表现，增加了模型的不确定性，也就是造成方差增大；反之，想要降低模型的方差，就是希望提高模型的鲁棒性，那么将更加关注模型的先验知识，在学习模型的过程中对模型增加更多的限制，但这样模型的拟合能力可能会较弱，从而造成欠拟合，也就是造成偏差增大。

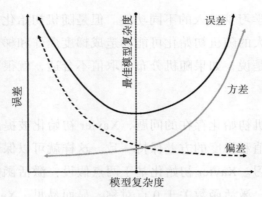

图 4-2　偏差、方差与误差的关系

因此，我们需要在偏差和方差两者之间进行权衡，避免过拟合和欠拟合，做到适度拟合。

4.1.3　神经网络的权重初始化

深度神经网络训练的过程其实就是一个对模型参数不断迭代更新的过程，因此在训练之前，我们应当考虑模型参数的初始化方式。

在深度神经网络中，随着层数的增多，在梯度下降的过程中，很容易出现梯度消失或者梯度爆炸问题。因此深层网络需要一个优良的权重初始化方案，一方面是为了降低发生梯度爆炸和梯度消失的风险，另一方面是模型的收敛速度和性能会受到神经网络的权重初始化方法的影响。下面主要讨论全零初始化、随机初始化、Xavier 初始化、He 初始化等初始化方式。

在进行线性回归、逻辑回归时，我们将参数全部初始化为零，模型也能很好地工作。但在深度神经网络中，全部初始化为零的方法是不可行的。这是因为如果把权重全部初始化为零，同层中的神经元输出是一样的，那么在反向传播的时候，同层神经元的梯度更新值也是相同的。也就是说，零初始化会导致神经网络退化，每层等价于只有一个神经元，最终只能得到和 logistic 函数相同的效果。

为了打破网络对称性，我们可以随机地为参数赋值，这就是目前在深度学习中常用的随机初始化方法。随机初始化把输入参数设置为随机值，经过随机初始化，每个神经元可以开始学习其输入的不同功能。但是随机初始化也有弊端，当神经网络的层数增多时，过大的随机初始化可能会造成梯度爆炸和梯度消失，这会影响优化算法的性能。也就是说，如果随机分布的取值不合适，就很可能导致网络优化陷入困境。

为了解决上述随机初始化存在的问题，Xavier 初始化被提出，其思想是在传播过程中使各层的激活值和梯度的方差保持一致。这样就可以保证网络各层的分布稳定，利于网络优化学习。Xavier 初始化基于两点假设：激活函数至少在 0 点附近是线性的，且导数为 1；激活函数关于 0 点对称。显而易见，Xavier 初始化更适用于 Tanh 非线性激活函数，对于 ReLU 或 Sigmoid 等非线性激活函数效果不佳。

为此，何恺明提出了一种针对 ReLU 的初始化方法，称为 He 初始化，也称为抑梯度异常初始化。He 初始化的思想是，在使用 ReLU 的神经网络中，假定每一层有一半的神经元被激活，另一半为 0。那么只需要在 Xavier 的基础上对初始权值的方差除以 2，即可继续保持每一层网络输入和输出的方差一致。

总之，不同的初始化方法可能导致性能最终不同，我们需要根据实际情况选择初始化方式：Xavier 初始化对 Tanh 激活函数是有效的，He 初始化搭配 ReLU 激活函数常常可以得到不错的效果。

4.2　深度学习的训练技巧

训练技巧对深度学习来说是非常重要的，使用不同的训练方法训练同样的网络结构，结果可能会出现很大的差异。

4.2.1　梯度消失和梯度爆炸

使用深层网络最大的好处是它能够完成很复杂的功能，能够从浅层到深层中学习不同抽象层次的特征。然而，深层神经网络模型的一个特别大的麻烦就在于，训练过程中可能会出现梯度消失（Gradients Vanishing）和梯度爆炸（Gradients Exploding）问题，而且一般随着网络层数的增加问题会变得越来越明显。

梯度消失和梯度爆炸就是指在训练神经网络时，梯度有时会变得过小或者过大，从而导致训练难度上升。梯度爆炸和梯度消失问题本质上是由深层网络中梯度反向传播的连乘效应造成的。具体来说，是因为在梯度下降的过程中，当从最后一层反向传播回到第一层的时候，在每个步骤上都乘以权重矩阵，因此梯度值可能迅速甚至指数式地减少到 0，造成梯度消失；或者在极少数情况下会迅速增长，造成梯度爆炸。

解决梯度消失、梯度爆炸问题的方法主要有以下几种。

- ❑ 梯度剪切：对梯度设置一个剪切阈值，在更新梯度时将梯度强制限制在这个范围内，从而防止梯度过大导致的梯度爆炸。
- ❑ 使用 ReLU 激活函数取代 Sigmoid 激活函数：ReLU 激活函数能够缓解深层网络训练时梯度消失和梯度爆炸的问题，这是因为其导数在正数部分是恒等于 1 的。
- ❑ 残差结构：残差结构的思想是将浅层的输出恒等映射到深层。因为有恒等映射的存在，在反向传播时，深层的梯度可以直接传递到浅层，从而有效解决了梯度消失问题。
- ❑ LSTM 网络的门结构：LSTM 通过其内部的门结构可以改善 RNN 中的梯度消失问题，在第 3 章中进行了详细介绍。
- ❑ 正则化方法：正则化主要是通过正则化项来限制权重的大小，它可以在一定程度上降低发生的梯度爆炸可能性。具体的正则化方法将在下文介绍。
- ❑ 批归一化：对网络中任意一层的输出都进行归一化，消除参数缩放带来的影响，也能缓解梯度消失和梯度爆炸问题，从而使得深层网络模型的训练更加容易和稳定。在下文将会对归一化进行详细介绍。

4.2.2 正则化和随机失活

我们知道，过拟合是指经过一定次数的迭代后，模型准确度在训练集上越来越好，但在测试集上却越来越差。原因就是模型学习了太多仅在有限训练集上有效的无关特征，并将这些特征错认为是无限的真实数据都应该具备的特征。换句话说，从数据和模型两个角度看，过拟合出现的原因可以理解为训练集太小，或者模型太过复杂，两者之间不匹配。可以说过拟合是所有工程师都必须面对的问题，那么这个问题该如何解决呢？解决方法同样从数据和模型这两个方向分析：一是扩大数据集，二是降低模型的复杂度。

从降低模型复杂度的想法出发，人们提出了正则化。正则化的本质是约束要优化的参数，让参数尽可能小，从而防止在训练过程中引入训练集的抽样误差。正则化的具体操作是对代价函数增加一个正则化项，限制其高次项的系数大小（不能过大），这样做虽然该神经网络的所有隐藏单元和深层特征依然存在，但其影响变小了，最终这个神经网络会变得更简单，越来越接近逻辑回归，更不容易发生过拟合。

在实际应用中，根据正则化项的不同，正则化主要分L2正则化和L1正则化。其中L2正则化以L2范数，也就是所有参数元素的平方和为正则化项，对于绝对值较大的权重予以很重的惩罚，对于绝对值很小的权重予以非常小的惩罚，当权重绝对值趋近于0时基本不惩罚。L2正则化的作用是使模型的参数值尽可能趋近于0，保留了特征。L2正则化保留所有特征，不能满足工程上对于模型稀疏化的需求，而L1正则化以L1范数，也就是所有参数元素的绝对值之和为正则化项，作用是使得大部分模型参数的值等于0，从而达到稀疏化的目的。同时，L1正则化还节省存储空间，因为在计算时权值为0的特征都可以不存储，这也说明了L1正则化自带特征选择的功能。

此外，还有一种常用的正则化方法为随机失活（Dropout）[21]。与前两种正则化方法不同，随机失活的做法不是增加一个正则化项，而是在每次训练时，按照一定的概率暂时将神经元从网络中丢弃。

如图4-3b所示，部分神经元（白色）被暂时从网络中随机丢弃，这些神经元在前向传播时对深层网络的启动的影响被忽略，在反向传播时也不会更新参数，而只有保留下来的神经元（深色）参与训练。也就是说，我们对每批训练样本都将采用一个精简的神经网络来训练，而由于随机失活的过程是随机的，每一批训练样本都在训练不同的网络。随机失活正则化方法有效的原因可以直观地理解为，网络不会过分依赖于任何一个特征，因为任何单元的输入都可能随时被清除，网络对某个神经元的权重变化更不敏感，从而增加泛化能力，减少过拟合。需要注意的是，一般不在测试阶段使用随机失活，因为我们不希望测试阶段的预测输出结果是随机的。

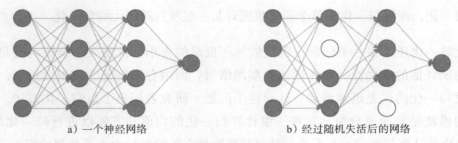

a）一个神经网络　　　　　　　　b）经过随机失活后的网络

图 4-3　随机失活示意图

4.2.3　归一化

为了消除梯度消失、梯度爆炸和内部协变量偏移的影响，为了加速收敛，受机器学习对输入样本进行归一化的启发，目前已经提出了许多深度学习的归一化操作，如批归一化（Batch Normalization）、组归一化（Group Normalization）、层归一化（Layer Normalization）等。

首先，输入归一化是指对输入特征进行归一化。在使用梯度下降算法寻求最优解时，如果不同输入特征的取值范围差异比较大，就会导致大多数位置的梯度方向并不是最优的搜索方向，很有可能走"之"字形路线，进而导致需要多次迭代才能收敛，会影响到梯度下降算法的效率，因此需要对输入特征做归一化。

然而神经网络是多层结构，所以即使对输入数据做了归一化，经过线性变换和激活函数之后，下一层的输入的分布也会发生改变。而对于不同分布的输入，每个神经层需要重新进行参数学习，从而引起后续每层输入数据分布的改变，这就是内部协变量偏移。为了解决内部协变量偏移问题，就要保证每一个神经层的输入的分布在训练过程中保持一致。批归一化就是对神经层中单个神经元进行归一化操作。理想的情况是知道所有训练数据对当前神经元的输入特征，但在使用小批量梯度下降算法时无法在迭代过程中得到所有样本的特征，因此只能使用当前批的数据来近似估计。

批归一化是对一批数据中每个神经元进行归一化操作，但如果一个神经元的输入分布在神经网络中是动态变化的，比如循环神经网络，那么无法应用批归一化操作。在循环神经网络中，通常使用层归一化。和批归一化不同，层归一化是对某一层的所有神经元进行归一化。换句话说，批归一化是不同训练数据之间对单个神经元的归一化，而层归一化是单个训练数据对某一层所有神经元的归一化。

批归一化还存在一个问题，就是依赖于批量的大小，批量太小会影响批归一化过程中统计值的准确性。而在训练大型网络时，因内存限制无法使用大批量，从而导致批归一化的误差迅速增加。针对这个问题，研究者提出了组归一化方法。组归一化的做法是将通道分组，对每一组计算归一化的均值和方差以进行归一化处理。组归一化的计算与批量大小无关，并且其准确性在各种批量大小下都很稳定。

除了上述归一化方法外，还有权重归一化、局部响应归一化等归一化方法，在此就不一一详细介绍，感兴趣的读者可以自行了解。

4.2.4　自适应学习率

模型训练就是不断向梯度下降的方向调整参数，每次调整的幅度与学习率有关。研究表明，学习率是一个非常重要的超参数：学习率太小会导致每次迭代对参数的更新速度很慢，模型收敛太慢；增大学习率可以减少迭代次数，但学习率太大也容易越过局部最优点，降低准确率。如果对于不同的参数都使用相同的学习率，则当有的参数已经优化到极小值附近而有的参数仍然有较大梯度的时候，较小的学习率会导致对大梯度参数的收敛速度很慢，而过大的学习率则会使已经优化得较好的参数出现不稳定的情况。因此，我们考虑为每个参与训练的参数设置不同的学习率，在整个学习过程中通过 AdaGrad、RMSProp、AdaDelta、Adam 等自适应优化算法来实现这些参数学习率的自适应调整，在保证准确率的同时加快收敛速度。

AdaGrad 的做法是使每个参数的更新量都反比于其所有梯度历史平方值总和的平方根，也可以理解为当前参数的学习率等于全局学习率除以这个平方根。通过这样的方式，AdaGrad 算法能独立地适应所有模型参数的学习率，对于损失偏导值较大的参数会有一个快速下降的学习率，而对于损失偏导值较小的参数则会有下降幅度相对较小的学习率。AdaGrad 会在参数空间中更为平缓的倾斜方向上取得更大的更新，它对于凸优化问题有较好的结果，但是对于某些深度神经网络模型，在训练开始时积累梯度平方很可能会致使有效学习率过早和过量地减小，导致效果不佳。

RMSProp 算法是对 AdaGrad 的扩展。AdaGrad 计算的是全部梯度的平方和，这样学习率必会逐渐趋于 0，导致训练停滞；而 RMSProp 引入截止时间 t，对于每个维度，用梯度平方的指数加权平均代替全部梯度的平方和，避免了学习率趋于 0 的问题。

AdaDelta 算法也像 RMSProp 算法一样，使用梯度平方的指数加权平均代替全部梯度的平方和。与 RMSProp 算法不同的是，它还维护了一个额外的状态变量 Δx_t。Δx_t 记录的是实际变化量按元素平方的指数加权平均。使用 $\sqrt{\Delta x_{t-1}}$ 替代了 RMSProp 中的全局学习率超参数 η，所以 AdaDelta 不依赖于全局学习率。

Adam 的名字来源于 Adaptive Moments，该方法本质上就是带有动量项的 RMSProp，它利用梯度的一阶矩估计和二阶矩估计来动态调整每个参数的学习率。Adam 的优点在于经过偏置校正后，每一次迭代学习率都有一个确定的范围，这样可以使得参数更新更加平稳。

4.2.5　超参数优化

机器学习或深度学习方法对学习率、动量、批大小、网络层数等许多超参数非常敏感，可以说算法性能在很大程度上依赖于超参数的配置，即算法在不同超参数下的效果很可能大相径庭。为了使算法达到更优越的性能，我们总是期望得到一组合适的超参数，如何选择优越的超参数组合就是超参数优化问题。

最初人们通常基于经验进行手动调参，有一个策略是采用由粗糙到精细的超参数取值策略。后来随着计算机性能的不断提升，进行更多次的实验变得容易，人们发现可以不依赖人工调参，而可以利用算法自动生成多组超参数，基于这些生成的超参数配置进行一次次的训练，从而找到更优越的超参数。使用的算法有网格搜索、随机搜索、启发式搜索等无模型（Model-free）超参数优化算法，以及基于模型的（Model-based）一系列贝叶斯优化算法。

网格搜索即对搜索空间集执行穷举，这种方法不适用于较大的搜索空间；随机搜索的思想是在搜索空间内随机选择超参数进行试验，实践表明随机搜索的效果比网格搜索效果要好，但随机性太高无法保证找到全局最优；启发式搜索则利用当前问题相关的先验知识来引导搜索，对搜索空间的搜索位置进行评估选择，从而减少搜索范围、降低问题复杂度。以上这些算法都是 Model-free 的超参数优化算法，并没有利用到不同超参组合之间的关系；与之相对的是 Model-based 算法，它们对超参映射到评估结果的目标函数进行建模，根据模型求最优解。Model-based 算法主要包含一系列贝叶斯优化算法，这类算法是一种基于序列模型的方法，理论上只需经过少数次的目标函数评估就能获得理想解。

4.3 改善模型表现

通过上一节介绍的训练技巧，我们希望：模型对训练集拟合得比较好，也就是避免高偏差；推广到验证集和测试集也能有较好的效果，也就是避免高方差。但是经过误差分析，有可能由于数据不匹配、数据量太少等问题，即便使用了一系列合适的训练技巧也无法得到好的结果，下面我们来解决这类问题以改善模型表现。

4.3.1 解决数据不匹配问题

如果训练集来自与验证集、测试集不同的分布，在分析偏差和方差时，我们需要从训练集中随机分出一部分作为训练—验证集，不参与训练，而剩余部分仍作为训练集参与训练。偏差体现在训练集上的误差，而这样得到的训练—验证集是和训练集来自同一分布的，因此可以通过训练集误差与训练—验证集误差间的差异来分析方差，在原验证集上的误差与训练—验证集误差间的差异则衡量了训练集和测试集、验证集之间的数据不匹配问题。

也就是说，当从训练集转到验证集时，如果错误率大大上升，就说明算法存在数据不匹配问题。解决这个问题的大致思路是，分析训练集和验证集的具体差异及引起差异的因素，然后尝试收集更多与验证集接近的数据作为训练集。

以图 4-4 所示的小狗和狐狸的分类问题为例。训练集（图 4-4a）是清晰且分辨率高的图片，而验证集、测试集（图 4-4b）是模糊且分辨率低的图片。这样直接通过高清的训练集训练出的分类器很可能不能很好地处理模糊的图片。这就是一个简单的数据不匹配问题。

既然我们的目标是使训练集更接近验证集，那么可以想到的一个办法就是采集更多与验证集场景一致的数据，不过这种方式虽然看似简单，但是采集数据并标记需要大量的人力物力。

a）训练集图片：　　　　　b）验证集 / 测试集图片：　　c）将训练集图片模糊化，
左为狗，右为北极狐　　　　左为狗，右为北极狐　　　　使之更类似于验证集 / 测试集图片

图 4-4　狗狐分类中的数据不匹配

另一个常用的方法就是人工合成数据（Artificial Data Synthesis）。这种方法不需要额外采集大量的实际数据，而是通过人工合成模拟，快速制造更多接近验证集特征的训练数据。如图 4-4c 所示，我们对训练集的图片进行模糊化处理，使之更类似于验证集。但需要注意的是，这个方法很可能只是从所有可能性的空间中选了一小部分去模拟数据，模型有可能对这一小部分空间上的数据过拟合。换言之，狗狐分类验证集分布中的模糊可能是由多种原因造成的（如雾霾、低分辨率相机、物体高速移动等），而合成的模糊很可能无法代表所有的这些原因。

4.3.2　迁移学习

深度学习特别是监督学习的训练需要基于大量的标注数据，因此训练过程中可能存在的另一个问题就是数据量太小。对于数据不足的问题，我们很容易想到扩大数据集，但是数据采集和标注是一项花费巨大的工程，因此迁移学习受到越来越多的关注。

迁移学习的主要思想是，将神经网络从某个领域或任务中习得的知识应用到另一个独立的领域或任务中。也就是说，通过将相关的源领域或任务中的知识或模式迁移到目标领域或任务中，让机器"举一反三"来提升目标领域或任务上的训练效果。

具体来说，迁移学习可以分为两个阶段。在第一阶段的训练过程中，我们可以使用源领域或任务上的大数据集训练好神经网络，可以训练神经网络的所有常用参数、权重、层。在训练了这个神经网络后，要实现迁移学习，也就是第二阶段。我们要做的是，将数据集换成目标领域或任务上现有的数据集，然后对训练好的这个神经网络进行重新训练。如果只有一个小数据集，可以只训练输出层前的最后几层；如果有很多数据，那么可以重新训练网络中的所有参数；也可以对神经网络的层和节点进行修改并对其进行训练。如果在上述迁移学习过程中，我们重新训练了神经网络中的所有参数，那么前面在源领域上的训练阶段也可以称为预训练，可以将它理解为我们在用源领域上的数据预先初始化神经网络的权重。然后，我们在目标领域上对权重进行更新，这个过程也被称为微调。

迁移学习是十分有益的。通过迁移学习，我们可以：复用现有知识域的数据，已有的大量工作不至于被完全丢弃；不需要再花费巨大代价重新采集和标定庞大的新数据集；使得模型的泛化性能有所提升，即使目标数据集非常大的时候也是如此；对于快速出现的新领域，能够快速迁移和应用，体现时效性优势。

4.4 动手训练神经网络

经过前面的学习，相信大家已经对深度学习的训练方法有了一定的认识，下面我们来真正动手训练神经网络。

4.4.1 Jupyter Notebook 的使用

在正式训练之前，先介绍一个常用的工具——Jupyter Notebook。Jupyter Notebook是基于网页的用于交互计算的应用程序，适用于开发、文档编写、运行代码和展示结果的整个计算过程。简而言之，Jupyter Notebook 以网页的形式打开，可以在网页中直接编写和运行代码，代码的运行结果会直接在代码块下显示。如在编程中需要编写说明文档，可在同一个页面中直接编写，以便于及时说明和解释。

首先，安装 Jupyter Notebook。若使用 Anaconda 安装 Jupyter Notebook，则先安装好自己电脑系统相应的 Anaconda（无论你的电脑是 Windows、Linux 还是 macOS 系统，Anaconda 都有对应的安装软件），然后直接执行命令 conda install jupyter notebook 即可方便地安装好 Jupyter Notebook。若已经安装好 Python，想要使用 Python 的包管

理器 pip 来安装 Jupyter Notebook，则首先执行命令 pip install --upgrade pip 以确保拥有最新的 pip，然后执行 pip install jupyter 这一命令即可安装。

安装好 Jupyter Notebook 之后，就可以通过在命令行运行 jupyter notebook 这一命令来启动 Jupyter Notebook 服务器。此时终端将输出有关 Jupyter Notebook 服务器的一些信息，且浏览器会自动打开并访问 Jupyter Notebook 网页应用程序的 URL。在打开的 Jupyter Notebook 面板上可以新建笔记本文档，也可以直接单击打开已有的笔记本文档。

在 Jupyter Notebook 中，我们可以分块处理计算问题，将相关想法体现在单元格中，并在前面的部分正常工作后继续处理后面的部分。也就是说，使用 Jupyter Notebook 时我们可以多次就地编辑单元格，直到获得所需的结果。这样的交互式探索方法比将计算分解为必须一起执行的脚本要方便得多，后者每发生一次修改就必须重新运行一次所有的脚本，特别是当其中有脚本需要运行很长时间时，这样会十分不方便。

Jupyter Notebook 用起来非常简单，所有操作都可以用鼠标完成。文档上方的面板主要包括菜单栏和工具栏，其中菜单栏提供了不同的选项，可用于操作笔记本文档的运行方式，工具栏提供了在笔记本文档中最常使用的操作的快捷方式（见图 4-5）。笔记本文档本身是由一系列单元格组成的，单元格是一个多行文本输入字段。在编辑模式下，我们可以自行在单元格中输入内容。内容编辑好之后，可以按下 Shift+Enter 组合键、单击工具栏中的 Play 按钮或者依次选择菜单栏中的 Cell → Run 选项来执行单元格中的内容。更详细的使用指南在此不一一赘述，读者可以通过单击菜单栏中的 Help 选项卡获取帮助。

图 4-5　Jupyter Notebook 控制面板

4.4.2 训练 MNIST 手写数字识别模型

下面我们尝试一个小实践，在 Jupyter Notebook 中编写代码，在 PyTorch 框架下基于 MNIST 数据集训练一个模型以实现手写数字识别。

训练一个神经网络的完整过程可以简单总结如下：

1）准备数据集；
2）构建神经网络模型；
3）训练模型，包括输入数据、计算损失、梯度反向传播和更新参数；
4）评估模型性能。

下面按这个步骤实现模型的训练。

我们的训练是基于 PyTorch 框架实现的，因此需要先引入 PyTorch 及一些相关的库，代码如下：

```
1.  import torch, torchvision
2.  from torch.utils.data import DataLoader
```

如下设置一些超参数：

```
3.  epochs = 3    # 循环整个训练数据集的次数
4.  batch_size_train = 32    # 训练的批大小
5.  batch_size_test = 1000    # 测试的批大小
6.  lr = 0.001    # 全局学习率 – 优化器的超参数
7.  momentum = 0.8    # 动量 – 优化器的超参数
```

下面正式进入训练。

1. 准备数据集

我们使用 DataLoader 分别对训练集和测试集进行批处理与缓存以用于迭代，其第一个必需参数为待处理的数据集，参数 batch_size 为批大小，参数 shuffle 表示是否在每个 epoch 开始时对数据进行重新排序。

使用 torchvision 很容易将 MNIST 数据集加载进来，其参数 'data/' 表示数据集存储的目录，train=True 和 train=False 分别表示处理的是训练集、测试集，download=True

第4章 深度神经网络的训练

107

表示需要自动下载 MNIST 数据集，transform 表示要对数据集图片进行的操作（其中包括将数据转为张量格式的 ToTensor 函数和对数据进行归一化处理的 Normalize 函数，这里使用的归一化值 0.1307 和 0.3081 是 MNIST 数据集的全局平均值和标准偏差）。

batch_size=batch_size_train 和 batch_size=batch_size_test 分别表示数据按照设置的训练集批大小、测试集批大小进行分批，shuffle=True 表示在每个 epoch 开始时都需要将数据按随机顺序进行排列。

经过 DataLoader 的处理，我们就得到了两个可迭代对象，分别用于训练和评估过程。

```
8.  train_loader = torch.utils.data.DataLoader(
9.      torchvision.datasets.MNIST('data/',
10.         train=True,
11.         download=True,
12.         transform=torchvision.transforms.Compose([
13.             torchvision.transforms.ToTensor(),
14.             torchvision.transforms.Normalize((0.1307,), (0.3081,))
15.             ])),
16.     batch_size=batch_size_train, shuffle=True)
17. test_loader = torch.utils.data.DataLoader(
18.     torchvision.datasets.MNIST('data/',
19.         train=False,
20.         download=True,
21.         transform=torchvision.transforms.Compose([
22.             torchvision.transforms.ToTensor(),
23.             torchvision.transforms.Normalize((0.1307,), (0.3081,))
24.             ])),
25.     batch_size=batch_size_test, shuffle=True)
```

执行该单元格，会自动将 MNIST 数据集下载到指定文件夹，下载并处理完毕后会显示 Done。接下来看看测试数据的一个批是怎样的：

```
26. trys = enumerate(test_loader)
27. batch_idx, (try_data, try_targets) = next(trys)
28. print(try_targets, try_data.shape)
```

其中 try_targets 是这批测试数据图片实际对应的数字标签，输出这批测试数据 try_data 的形状是 torch.Size([1000,1,28,28])，这意味着有一批测试数据包含 1000 个 28 像素 × 28 像素的单通道图。代码如下。还可以使用 Matplotlib 来绘制其中的一些图片并显示，如图 4-6 所示。

```
29. import matplotlib.pyplot as plt
30. fig = plt.figure()
31. for i in range(5):
32.     plt.subplot(1,5,i+1)
33.     plt.imshow(try_data[i][0])
34.     plt.title("Label: {}".format(try_targets[i]))
35.     plt.xticks([]), plt.yticks([])
36. fig
```

图 4-6　用 Matplotlib 绘制的测试数据图片

2. 构建神经网络模型

首先导入 PyTorch 的一些子模块，使代码更具可读性：

```
1. import torch.nn as nn
2. import torch.nn.functional as F
3. import torch.optim as optim
```

现在开始建立网络，我们将使用两个二维卷积层，然后是两个全连接层。此外，我们将选择 ReLU 作为激活函数，并使用两个随机失活层作为正则化的手段。在 PyTorch 中，构建网络的一个好方法是为希望构建的网络创建一个新类，代码如下：

```
4. class Net(nn.Module):
5.     def __init__(self):
6.         super(Net, self).__init__()
7.         self.conv1 = nn.Conv2d(1, 8, kernel_size=3)
8.         self.conv2 = nn.Conv2d(8, 16, kernel_size=3)
9.         self.drop = nn.Dropout2d()
10.        self.fc1 = nn.Linear(400, 40)
11.        self.fc2 = nn.Linear(40, 10)
12.    def forward(self, x):
13.        x = F.relu(F.max_pool2d(self.conv1(x), 2))
14.        x = F.relu(F.max_pool2d(self.drop(self.conv2(x)), 2))
15.        x = x.view(-1, 400)
16.        x = F.relu(self.fc1(x))
17.        x = F.dropout(x, training=self.training)
18.        return F.log_softmax(self.fc2(x))
```

接着初始化网络和优化器：

```
19. network = Net()
20. optimizer = optim.SGD(network.parameters(), lr=lr, momentum=momentum)
```

3. 训练模型

为了通过一些打印输出来跟踪进度，以及方便以后创建良好的训练曲线，需要创建列表来存储训练和测试损失：

```
1. train_losses, test_losses = [], []
2. train_counter = []
3. test_counter = [i*len(train_loader.dataset) for i in range(epochs + 1)]
```

在训练模式中，在每个 epoch 都要对所有训练数据进行一次迭代，其中加载单独批次将由 DataLoader 处理。对于每个 epoch，都要进行如下操作：首先，使用 optimizer.zero_grad() 手动将梯度设置为零，因为 PyTorch 在默认情况下会累积梯度；然后，通过前向传播生成网络的输出，并计算输出与真值标签之间的负对数概率损失；最后，通过后向传播计算得到一组新梯度，并使用 optimizer.step() 将其传播回每个网络参数；此外，我们给定一些必要的进度条和输出，并保存训练好的模型参数。

```
1.  def train(epoch):
2.      network.train()
3.      for batch_idx, (data, target) in enumerate(train_loader):
4.          optimizer.zero_grad()
5.          output = network(data)
6.          loss = F.nll_loss(output, target)
7.          loss.backward()
8.          optimizer.step()
9.          print('Train Epoch: {}[{}/{} ({:.0f}%)]\tLoss: {:.6f}'.format(
10.             epoch, batch_idx * len(data), len(train_loader.dataset),
11.             100. * batch_idx / len(train_loader), loss.item()))
12.         train_losses.append(loss.item())
13.         train_counter.append(
14.             (batch_idx* batch_size_train) \
                + ((epoch-1)*len(train_loader.dataset)))
15.         torch.save(network.state_dict(), './model.pth')
16.         torch.save(optimizer.state_dict(), './optimizer.pth')
```

每一个 epoch 的训练之后，我们都需要进行测试（实际上是验证），从而获取测试集（实际上可以理解为验证集）上的损失，用于评估网络的精度。在测试时，我们使用上下文管理 no_grad()，以避免将网络对测试集的输出计算结果存储在计算图中。

```
1.  def test():
2.      network.eval()
3.      test_loss = 0
4.      correct = 0
5.      with torch.no_grad():
6.          for data, target in test_loader:
7.              output = network(data)
8.              test_loss += F.nll_loss(output, target, size_average=False).
                    item()
9.              pred = output.data.max(1, keepdim=True)[1]
10.             correct += pred.eq(target.data.view_as(pred)).sum()
11.     test_loss /= len(test_loader.dataset)
12.     test_losses.append(test_loss)
13.     print('\nTest set: Avg. loss: {:.4f}, Accuracy: {}/{} ({:.0f}%)\n'.
            format(
14.         test_loss, correct, len(test_loader.dataset),
15.         100. * correct / len(test_loader.dataset)))
```

下面开始正式训练，我们将循环遍历 epochs 次，也就是训练 epochs 个 epoch 并
进行测试。在训练之前手动添加 test() 调用，以使用随机初始化的参数来评估我们的
模型。

```
1.  test()
2.  for epoch in range(1, epochs + 1):
3.      train(epoch)
4.      print('Epoch:{:d}'.format(epoch))
5.      test()
```

运行训练，会输出每个 epoch 每次迭代过程的训练误差以及每个 epoch 的测试误
差和准确率。在此我们不展示训练误差，评估得到的模型准确率如下：

```
Test set: Avg. loss: 2.2993, Accuracy: 1038/10000 (10%)
Epoch:1

Test set: Avg. loss: 0.3709, Accuracy: 8946/10000 (89%)
Epoch:2

Test set: Avg. loss: 0.2753, Accuracy: 9221/10000 (92%)
Epoch:3

Test set: Avg. loss: 0.2156, Accuracy: 9397/10000 (94%)
```

4. 评估模型性能

我们已经在第三步的训练过程中对模型进行了评估，现在可以根据之前的测试

结果画一条学习曲线。这里在 x 轴上，我们希望显示网络在训练期间看到的训练示例的数量；而 y 轴则表示误差大小，其中曲线为训练集上的误差，散点为测试集上的误差。如图 4-7 所示。

```
1. fig = plt.figure()
2. plt.plot(train_counter, train_losses)
3. plt.scatter(test_counter, test_losses, color='black')
4. plt.legend(['Train Loss', 'Test Loss'])
5. plt.xlabel('training examples')
6. plt.ylabel('loss')
7. fig
```

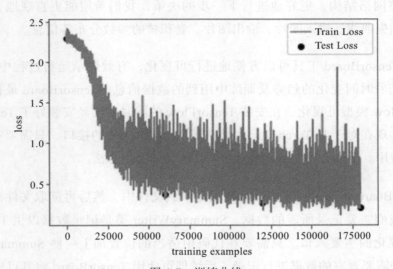

图 4-7　训练曲线

从训练曲线来看，我们甚至可以继续训练几个 epoch（训练轮次）。如果要在之前训练运行时保存的 state_dicts 中继续进行训练，我们需要先初始化一组新的网络和优化器：

```
1. new_net = Net()
2. new_optimizer = optim.SGD(network.parameters(),
3.                           lr=lr, momentum=momentum)
```

然后使用 .load_state_dict() 加载之前训练好的网络的内部状态：

```
1. network_state_dict = torch.load('model.pth')
```

```
2. new_network.load_state_dict(network_state_dict)
3. optimizer_state_dict = torch.load('optimizer.pth')
4. new_optimizer.load_state_dict(optimizer_state_dict)
```

这样就可以在训练和测试时将初始的网络和优化器修改为这个加载的状态，于是可以基于这个之前保存的状态继续训练。大家可以自己动手试试。

4.4.3　TensorBoard 的使用

在深度学习中，网络往往是很复杂的，尤其是对于复杂的问题。为了方便调试参数和调整网络结构，更好地进行下一步的决策，我们希望能更直观地了解训练情况，包括损失曲线、输入图片、输出图片、卷积核的参数分布等信息。

通过 TensorBoard 工具可以方便地进行可视化，有效展示运行过程中的计算图、各种指标随着时间变化的趋势及训练中用到的数据信息。TensorBoard 最初被设计用于 TensorFlow 模型可视化，在安装 TensorFlow 的同时就已经安装好了 TensorBoard。经过发展，现在对于 PyTorch 也已经集成了 TensorBoard 的接口，只需要安装相关的依赖即可使用。下面介绍 TensorBoard 工具的具体使用方法。

TensorBoard 是通过一些操作将数据记录到文件中，然后再读取文件来完成作图的。首先我们需要记录所需的数据。SummaryWriter 类是记录数据以供 TensorBoard 使用和可视化的主要入口。只需要在代码中适当的位置加上一些 SummaryWriter 操作，对一些需要观察的数据进行记录，后续即可使用 TensorBoard 将其可视化。

TensorBoard 可以记录与可视化许多不同的数据类型，包括标量、图片、音视频、计算图、数据分布、直方图、向量、文本等。例如，使用 SummaryWriter 类中的 add_scalar 和 add_scalars 函数分别记录单个和多个标量，add_image 和 add_images 分别记录单张和批量图像，add_figure 记录 Matplotlib 图形，add_video 记录视频数据，add_audio 记录音频数据，add_graph 记录模型的计算图，add_pr_curve 添加不同阈值设置下的精确召回曲线，add_histogram 记录直方图，add_embedding 记录嵌入式向量数据，add_text 记录文本数据，add_mesh 添加 3D 点云，add_hparams 添加一组要进行比较的超参等。具体的使用方法可以自行查阅。

下面给出一个示例，记录 4.4.2 节中的一批训练数据和网络的计算图。

```
1.  from torch.utils.tensorboard import SummaryWriter
2.  writer = SummaryWriter() # 生成一个用于记录数据的 writer
3.  # writer 的默认存储位置为 ./runs/directory
4.  # 随机获得一批训练数据
5.  dataiter = iter(train_loader)# 使用函数 iter()，返回一个 iterator 迭代器
6.  images, labels = dataiter.next()
7.  # 定义网格图片，网格化显示这一批图片
8.  img_grid = torchvision.utils.make_grid(images)
9.  # 记录到 tensorboard
10. net = Net()
11. writer.add_image('images', img_grid) # 存储这一批训练数据的网格化图
12. writer.add_graph(net, images) # 存储计算图，net 是 4.4.2 节构建的模型，images 是输
        入图片
13. writer.close()
```

经过上面的操作，我们成功将想要观察的数据记录到文件夹中，现在可以进行可视化了。可以在命令行执行命令 tensorboard --logdir=path/to/log-directory 来启动 TensorBoard。按照提示在浏览器中打开页面，注意把 path/to/log-directory 替换成 writer 存储的目录，这里为 logdir = runs。运行命令根据输出的网址打开网页，训练图片数据和计算图分别如图 4-8 和图 4-9 所示。此外 TensorBoard 还支持通过点击查看计算图的各项详细信息。

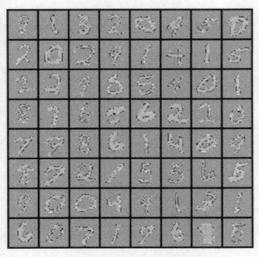

图 4-8　一批训练图片数据的网格化图

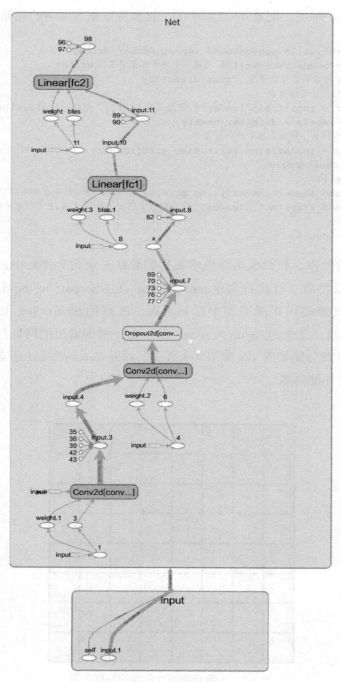

图 4-9　网络计算图

4.5　本章小结

　　本章主要介绍了深度学习神经网络的训练。本章首先介绍了神经网络的学习策略，包括训练前的数据集划分、评估指标、偏差、方差、误差和权重初始化；接着介绍了包括正则化和随机失活、归一化、自适应学习率、超参数优化等在内的神经网络训练技巧；然后介绍了通过解决数据不匹配问题和迁移学习以改善模型表现；最后基于 PyTorch 实践了 MNIST 数据集下的手写数字识别，真正动手训练了一个神经网络，并介绍了常用的 Jupyter Notebook 和 TensorBoard 可视化工具。相信通过本章的学习，你已经对神经网络的训练方法和训练过程有了较为清晰的了解。

第 5 章

RK3399Pro 芯片功能与架构

随着人工智能商用、场景化落地的不断推进，终端人工智能芯片的性能与应用能力日渐成为智能硬件终端开发者和品牌关注的重点。RK3399Pro 是瑞芯微电子于 2018 年推出的一款低功耗、高性能的人工智能处理芯片，适用于边缘计算、个人移动互联网以及其他智能设备应用，为人工智能领域提供一站式（Turnkey）解决方案。

5.1　RK3399Pro 芯片的整体架构

RK3399Pro 芯片的整体架构如图 5-1 所示。

CPU 方面，基于 big.LITTLE 大小核 CPU 架构，RK3399Pro 集成了双核 Cortex-A72 和四核 Cortex-A53 以及独立的 NEON 协处理器，主频率最高可达 1.8 GHz。六个核分为两个 cluster，双核 A72 在一个 cluster 上，四核 A53 在另一个 cluster 上。每一个 A72 核心有 48 KB 的一级指令缓存、32 KB 的一级数据缓存（4 组相联），每一个 A53 核心有 32 KB 的一级指令缓存、32 KB 的一级数据缓存（4 组相联）。每一个 cluster 共享一个二级缓存，大核 cluster（A72）的二级缓存大小为 1 MB，小核 cluster（A53）的二级缓存大小为 512 KB。

除了 CPU，RK3399Pro 还内置了多个高性能硬件处理引擎，支持多种格式的视频编解码、高质量的 JPEG 编解码和图像的前后处理。内置的 GPU 使 RK3399Pro 完全兼容 OpenGL ES 1.1/2.0/3.0/3.1、OpenCL 和 DirectX 11.1。带有 MMU 的专用 2D 图像硬件处理引擎可以最大化显示性能，并提供非常流畅的图像操作。

图 5-1　RK3399Pro 芯片的整体架构

　　特别的是，RK3399Pro 是瑞芯微电子首次采用 CPU+GPU+NPU（神经网络处理单元）硬件结构设计的人工智能处理器，配备了一个功能强大的 NPU，支持 TensorFlow、TensorFlow Lite、PyTorch、Caffe、MXNet、Darknet、ONNX 等主流人工智能开发平台上模型的转换与运行。NPU 运算性能高达 3.0 TOPs，具有高性能、低功耗、易开发等优势。

　　另外，RK3399Pro 具有非常丰富的外围扩展接口，具备高扩展能力。支持双 MIPI 输入，单通道最大支持 1300 万像素；支持 HDMI、MIPI、eDP、DP 等显示输出接口，最大可支持 4096×2160 显示输出；支持 8 路数字麦克风阵列输入及多路

SPI、I2C、GPIO、ADC、UART、USB 等扩展接口。

RK3399Pro 还具备较强的芯片安全能力，内置安全子系统，支持 ARM TrustZone 技术，CPU 可通过软件在安全状态与非安全状态之间切换。内部 SRAM 与外部 DRAM 可支持安全区间配置，内置一个加解密硬件引擎，支持 AES、TDES、SHA256 等密码学算法，支持安全启动、安全调试等。

RK3399Pro 的其他音视频相关接口如下。

1. 视频输入和输出

（1）摄像头接口

支持 1 个或 2 个 MIPI-CSI 输入接口。

（2）图像信号处理器（ISP）

1）输入接口如下。

❏ DVP 接口：ITU-R BT601/656，支持 RAW8、RAW10、RAW12 格式。
❏ MIPI 接口：支持 x1、x2、x4 DPHY RX；支持 RAW8、RAW10、RAW12。
❏ 最大输入分辨率支持 4416×3312。

2）图像信号处理：

❏ 支持黑电平补偿；
❏ 支持 4 通道镜头阴影校正；
❏ 支持 AF、AWB、AE、Hist。

3）输出接口支持以下输出格式：YUV422sp、YUV420sp，支持 UV swap；RGB888，RGB666，RGB565；RAW8，RAW12。

（3）视频输出处理器（VOP_BIG）

1）显示接口如下。

❏ HDMI 接口：支持 480p、480i、576p、576i、720p、1080p、1080i、4k，支

持 RGB、YUV420（最高可达 10bit）格式。

❑ DP 接口：支持逐行/隔行扫描，支持 RGB、YUV420、YUV422、YUV444（最高可达 10bit）格式。

❑ MIPI 接口：MIPI DCS 命令模式，Dual-MIPI。

❑ EDP 接口。

❑ 最大分辨率：最大输入分辨率为 4096×2304，最大输出分辨率为 4096×2160。

❑ 扫描周期可达 8192×4096。

❑ 支持 DCLK、HSYNC、VSYNC、DEN。

2）显示处理包括 GAMMA、X-MIRROR、Y-MIRROR。

3）图层处理情况如下。

❑ 背景图层：可支持 30bit 色彩。

❑ Win0 和 Win1 图层支持的数据格式有 RGB888、ARGB888、RGB565、YCbCr420SP、YCbCr422SP、CbCr444SP、YUYV420、YUYV422、YVYU420、YVYU422、RGB（8bit）、YUV（8bit）、YVYU/YUYV（8bit），支持 1/8～8 的缩放引擎。

❑ Win2 和 Win3 图层支持的数据格式有 RGB888、ARGB888、RGB565 和 8BPP。有 4 个显示区域。

❑ 硬件光标层支持的数据格式有 RGB888、ARGB888、RGB565 和 8BPP。

❑ Overlay 支持 RGB 和 YUV 域覆盖；支持 4 层，background、win0、win2 和 hwc；支持 Alpha 融合。

4）回写功能情况如下。

❑ 支持的格式有 RGB565（8bit）、RGB888P（8bit）、YUV420（8bit）。

2. HDMI

❑ 单物理层 PHY，支持 HDMI 1.4 和 2.0 操作；

❑ 支持 HDCP 1.4/2.2。

3. MIPI PHY

❑ 内置 3 个 MIPI PHY，MIPI0 仅用于 DSI，MIPI1 用于 DSI 或 CSI，MIPI2 仅

用于 CSI；

❑ 每个端口有 4 个数据通道，数据传输速率高达 6.0 Gbit/s。

4. eDP PHY

❑ 符合 eDP V1.3 规范；

❑ 支持 4 个物理通道，每个通道速率可达 2.7/1.62 Gbit/s；

❑ 支持热插拔检测和链路状态检测；

❑ 支持面板自刷新（PSR）。

5. DisplayPort

❑ 符合 V1.2 DisplayPort 规范；

❑ 符合 HDCP2.2 和 HDCP1.3 规范；

❑ 分辨率高达 4k × 2k@60fps；

❑ 通过 I2S 或 SPDIF 接口输出的各种音频格式（PCM 和压缩格式）；

❑ 1 Mbit/s AUX 通道。

6. Type-C 接口

❑ 内置 1 个 Type-C PHY；

❑ 符合 USB Type-C V1.1 规范；

❑ 符合 USB PD V2.0 规范；

❑ DFP、UFP 和 DRP 的接入 / 分离检测和信号传递；

❑ 启用 / 禁用 VBUS 作为 DFP 和 DRP（作为 DFP 操作时）；

❑ VBUS 作为 UFP 和 DRP 检测（作为 UFP 操作时）；

❑ USB 电源通过 CC 线传输通信；

❑ USB Type-C 支持 USB3.0 Type-C 和 DisplayPort 1.2 切换模式。2 个 PMA TX 通道和 2 个 PMA 半双工 TX/RX 通道（可配置为 TX 或 RX）；

❑ USB3.0 的数据传输速率高达 5 Gbit/s；

❑ DP1.2 的数据传输速率高达 5.4 Gbit/s（HBR2），可支持 1/2/4 通道模式；

❑ 支持 DisplayPort AUX 通道。

7. 音频接口

（1）I2S/PCM

❑ SoC 内置 3 个 I2S/PCM；

❑ I2S0/I2S2 可支持 8 路 TX 和 8 路 RX，I2S1 可支持 2 路 TX 和 2 路 RX；

❑ I2S2 内部连接 HDMI 和 DisplayPort，I2S0 和 I2S1 供外设连接；

❑ 音频分辨率支持 16 bit 到 32 bit；

❑ 采样率可高达 192 KHz；

❑ 提供主从工作模式，软件可配置；

❑ 支持 3 种 I2S 格式（普通，左对齐，右对齐）；

❑ 支持 4 种 PCM 格式（early、late1、late2、late3）；

❑ I2S 和 PCM 模式不能同时使用。

（2）SPDIF

❑ 支持两个 16 bit 音频数据一起存储在一个 32 bit 宽的位置；

❑ 支持双相格式立体声音频数据输出；

❑ 支持 16 ～ 31 bit 音频数据左对齐或右对齐至 32 bit 样本数据缓存区；

❑ 支持 16/20/24 bit 音频数据在线性 PCM 模式传输；

❑ 支持非线性 PCM 传输。

　　下文是 RK3399Pro 在人工智能开发上比较相关的内置硬件处理引擎的介绍，主要有神经网络处理单元（NPU）、视频处理单元（VPU）、图形处理加速单元（RGA）等。

5.2　神经网络处理单元

　　显而易见，RK3399Pro 之所以可以应用于人工智能领域，得益于 NPU 这个最重要的硬件引擎单元。NPU 赋予了 RK3399Pro 在端侧进行神经网络推理的能力，从而可以运行相关人工智能应用，如目标检测、人脸识别、姿态识别等。

5.2.1　神经网络处理单元的 4 个模块

NPU 是专门用于神经网络的处理单元，它旨在加速人工智能领域的神经网络算法，如机器视觉和自然语言处理。人工智能的应用领域正在不断扩大，目前在多个领域提供了各种功能，包括人脸跟踪、手势和身体跟踪、图像分类、视频监控、自动语音识别（ASR）和高级驾驶辅助系统（ADAS）。

如图 5-2 所示，NPU 主要包含以下 4 个模块。

❑ HIF：Host InterFace，主机接口。

❑ PM：Power Management，电源管理。

❑ NN Engine：Neural Network Engine，神经网络引擎。

❑ 向量处理单元（Vector Processing Unit）。

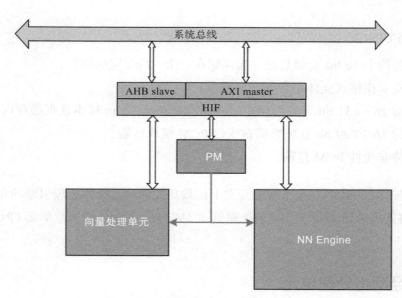

图 5-2　RK3399Pro 之 NPU 框图

（1）HIF

HIF 允许 NPU 通过 AXI 或 AHB 总线与外部内存和 CPU 通信。HIF 单元中有 AHB slave 和 AXI master。AXI master 用于从共同连到 SoC AXI 总线的内存中获取数据。AHB slave 用于访问硬件寄存器，从而可以进行配置、调试和测试。

（2）PM

PM 是 NPU 中的电源管理单元，用于提供时钟、复位和电源管理的顶级控制。
AHB 时钟、AXI 时钟、向量处理单元和 NN Engine 时钟都是异步的，时钟引脚全部
连接到 PM。所有模块的复位也由 PM 控制。全局时钟门可以通过 PM 进行控制来降
低功耗。

（3）NN Engine

NN Engine 是神经网络算法的主要处理单元。该单元提供用于识别功能的并行
卷积乘加运算（MAC），支持 int8、int16 和 fp16。在 NN Engine 中还处理了 leaky_
relu、relu、relu1、relu6、sigmoid、tanh 等激活函数和池化函数。NN Engine 主要为
卷积神经网络和全连接网络服务。

（4）向量处理单元

向量处理单元是对 NN Engine 的补充，包含一个可编程 SIMD 处理器单元，可
以作为 OpenCL 的计算单元执行。向量处理单元提供了高级的图像处理功能，大多
数元素运算和矩阵运算都是在向量处理单元中进行的。

NPU 还内置了一个 512 KB 大小的缓存区，每个时钟周期可以运行 1920 次 int8
MAC 计算、192 次 int16 MAC 计算或 64 次 fp16 MAC 计算，算力可达 3.0 TOPS。

基于以上的硬件架构设计，NPU 可以加速大多数神经网络推理计算，TensorFlow、
TensorFlow Lite、PyTorch、Caffe、MXNet、Darknet、ONNX 等平台开发的神经网
络模型在经过模型转换成特定格式后可以在 NPU 上加速运行。为此，瑞芯微提供了
一系列 NPU 配套的软件开发套件，包括 RKNN-Toolkit、RKNN-API 等。

5.2.2　RKNN-Toolkit 开发套件

RKNN-Toolkit 是为用户提供在 PC、Rockchip NPU 平台上进行模型转换、推理和
性能评估的开发套件，用户通过该工具提供的 Python 接口可以便捷地使用以下功能。

（1）模型转换

支持 Caffe、TensorFlow、TensorFlow Lite、ONNX、Darknet、PyTorch、MXNet

和 Keras 模型转成 RKNN 模型，支持 RKNN 模型导入和导出，且后续能够在 Rockchip NPU 平台上加载使用。

（2）量化功能

支持将浮点模型转成量化模型，目前支持的量化方法有非对称量化（asymmetric_quantized-u8）与动态定点量化（dynamic_fixed_point-8 和 dynamic_fixed_point-16）。

（3）模型推理

能够在 PC 上模拟 Rockchip NPU 运行 RKNN 模型并获取推理结果，也可以将 RKNN 模型分发到指定的 NPU 设备上进行推理。

（4）性能评估

能够在 PC 上模拟 Rockchip NPU 运行 RKNN 模型，并评估模型性能（包括总耗时和每一层的耗时）；也可以将 RKNN 模型分发到指定 NPU 设备上运行，以评估模型在实际设备上运行时的性能。

（5）内存评估

评估模型运行时对系统和 NPU 内存的消耗情况。使用该功能时，必须将 RKNN 模型分发到 NPU 设备中运行，并调用相关接口获取内存使用信息。从 0.9.9 版本开始支持该功能。

（6）模型预编译

通过预编译技术生成的 RKNN 模型可以缩短在硬件平台上的加载时间。对于部分模型，还可以减小模型尺寸。但是预编译后的 RKNN 模型只能在 NPU 设备上运行。目前只有 x86_64 Ubuntu 平台支持直接从原始模型生成预编译 RKNN 模型。

（7）模型分段

该功能用于多模型同时运行的场景，可以将单个模型分成多段在 NPU 上执行，借此来调节多个模型占用 NPU 的执行时间，避免因为一个模型占用太多执行时间而使其他模型得不到及时执行。

（8）自定义算子功能

如果模型含有 RKNN-Toolkit 不支持的算子（operator），那么在模型转换阶段就会失败。这时候可以使用自定义算子功能来添加不支持的算子，从而使模型正常转换和运行。

（9）量化精度分析功能

该功能将给出模型量化前后每一层推理结果的欧氏距离或余弦距离，以分析量化误差是如何出现的，为提高量化模型的精度提供思路。

（10）可视化功能

该功能以图形界面的形式呈现 RKNN-Toolkit 的各项功能，简化用户操作步骤。用户可以通过填写表单、点击功能按钮的形式完成模型的转换和推理等，而不需要再去手动编写脚本。

（11）模型优化等级功能

RKNN-Toolkit 在模型转换过程中会对模型进行优化，默认的优化选项可能会对模型精度产生一些影响。通过设置优化等级，可以关闭部分或全部优化选项。

（12）模型加密功能

RKNN-Toolkit 支持导出加密后的模型。

RKNN-Toolkit 开发套件开发过程如图 5-3 所示。

图 5-3　RKNN-Toolkit 开发套件开发过程

5.2.3　RKNN-API 开发套件

RKNN-API 是瑞芯微电子为 NPU 硬件加速引擎设计的一套跨平台的通用 API，该 API 需要配合上述 RKNN 模型转换工具 RKNN-Toolkit 使用。RKNN 模型转换工具可以将常见的模型格式转换成 RKNN 模型，输出文件后缀为 .rknn 的模型文件。开发者可以调用 RKNN-API 将 .rknn 模型文件运行在 NPU 上。

除了 RKNN-API，Android 平台上的 TensorFlow Lite API 和 Android NN API 也可以调用 NPU 进行加速计算，因此软件调用栈如图 5-4 所示。

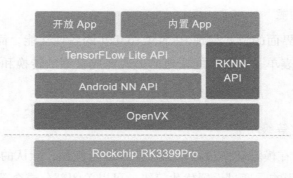

图 5-4　Android 平台 RKNN-API 软件调用栈

5.3　视频处理单元

VPU（Video Processing Unit，视频处理单元）是 RK3399Pro 中的视频编解码单元，支持三种主要的高级视频编码标准（H264、VP9、HEVC），具有高解码性能 @4K 和 H264/jpeg 编码能力。该视频编解码单元的性能如下：

❏ 支持 4K@60fps VP9 和 10bit H265/H264 视频解码；

❏ 1080P 多格式视频解码（WMV、MPEG-1/2/4、VP8），支持 6 路 1080P@30fps 解码；

❏ 1080P 视频编码，支持 H.264、VP8 格式，支持 2 路 1080P@30fps 编码；

❏ 视频后期处理，如反交错、去噪、边缘 / 细节 / 色彩优化。

图 5-5 所示为 RK3399Pro VPU 架构，其中编解码单元作为 AHB slave 连接到 AHB 总线，作为 AXI master 连接到 AXI 总线。寄存器配置通过 AHB slave 接口送入编解码单元，而 DDR 和编解码单元之间的大数据（如流数据）则通过 AXI master 接口进行处理。为了提高大数据处理性能，编解码单元还嵌入了独立的内存管理单元（MMU），并支持可缓存的总线操作。

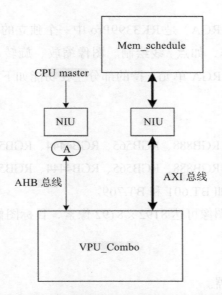

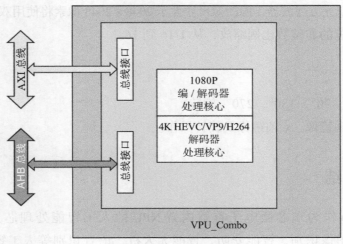

图 5-5 RK3399Pro VPU 架构

CPU 通过 AHB 总线访问编解码单元寄存器组。Bitstream 和其他必要数据通过 AXI 读通道送入处理核心，经过几个编解码处理步骤后，编解码后的图片和其他信息数据通过 AXI 写通道传输到 DDR 的指定位置。

5.4　图形处理加速单元

图形处理加速单元（RGA）是 RK3399Pro 中一个独立的 2D 图形加速单元。该单元可以加速 2D 图形操作，如点 / 线绘制、图像缩放、旋转、BitBLT、Alpha 混合和图像模糊 / 锐度调整等。RGA 单元支持的部分主要功能如下。

（1）图像格式转换

❑ 输入支持 ARGB、RGB888、RGB565、RGB4444、RGB5551、YUV420、YUV422。
❑ 输出支持 ARGB、RGB888、RGB565、RGB4444、RGB5551、YUV420、YUV422。
❑ 像素格式转换，如 BT.601 和 BT.709。
❑ 最大分辨率：源图像可达 8192×8192 像素，目标图像可达 4096×4096 像素。

（2）缩放

❑ 缩小：均值滤波器。
❑ 放大：双立方滤波器（源图像尺寸大于 2048×2048 像素将使用双线性滤波器）。
❑ 支持任意的非整数比例缩放，从 1/16 到 16。

（3）旋转

❑ 支持 $0°$、$90°$、$180°$、$270°$ 旋转。
❑ 支持 x 轴镜像、y 轴镜像及旋转操作。

5.5　本章小结

RK3399Pro 作为瑞芯微电子首款内置 NPU 的人工智能处理芯片，非常适用于智能家居、图像识别、智能安防、智能无人机、语音识别等人工智能应用领域。RK3399Pro 集成的 NPU 提供了在机器视觉、语音处理、深度学习等领域所需的高性能处理能力，典型深度神经网络 Inception V4、ResNet50、VGG16 等模型在 RK3399Pro 上的运行性能得到了大幅提升，使得端侧的人工智能应用更容易落地。

除了内置 NPU，RK3399Pro 还集成了多个图像处理加速硬件引擎，比如 VPU、RGA 等，这些硬件引擎有助于提升机器视觉等人工智能应用的前后处理性能，从而提升产品方案的整体性能。

同时，瑞芯微电子还基于 RK3399Pro 提供了一站式 AI 解决方案，包括硬件参考设计及软件 SDK，可大幅提高开发者的 AI 产品研发速度，加速端侧人工智能的全面普及。

第 **6** 章

TB-RK3399Pro 开发板

TB-RK3399Pro 是福州瑞芯微电子推出的一款高性能人工智能开发板，采用高性能的 AI 处理芯片 RK3399Pro，提供一站式 AI 解决方案。它具备丰富的接口，集成了多路 USB 接口、双 PCIe 接口、双 MIPI CSI 接口，以及 HDMI、DP、MIPI和 eDP 显示接口等。同时，它集成了高性能低功耗的片上 NPU，运算性能高达3.0 TOPS。软件方面，该开发板预装了 Android 和 Linux 双操作系统，支持双系统启动和一键切换。TB-RK3399Pro 开发板适用于智能驾驶、图像识别、安防监控、物联网、智能家电等人工智能领域。本章将对 TB-RK3399Pro 开发板进行介绍。

6.1 开发板硬件环境介绍

本节将介绍 TB-RK3399Pro 开发板的硬件环境。TB-RK3399Pro 开发板有多种型号，这里基于被广泛使用的 TB-RK3399ProD 型号来讲解。

6.1.1 硬件总览

TB-RK3399ProD 开发板是针对瑞芯微 RK3399Pro 芯片开发的集参考设计、芯片调试和测试、芯片验证于一体的硬件开发板，用于展示 RK3399Pro 强大的多媒体接口和丰富的外围接口，同时为开发者提供基于 RK3399Pro 的硬件参考设计，使开发者不需要修改或者只需要简单修改参考设计的模块电路，就可以完成 AI 产品的硬件开发。TB-RK3399ProD 开发板支持 RK3399Pro 的 SDK 开发、应用软件的开发和

运行等 [22]。由于接口齐全、设计具备较强拓展性，该开发板可应用于不同的使用场景 [23]。TB-RK3399ProD 的产品接口如图 6-1 所示。

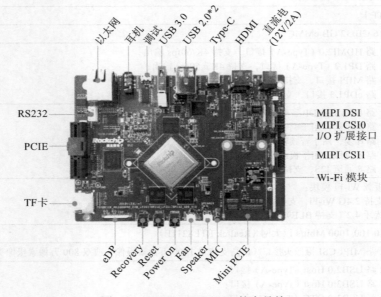

图 6-1　TB-RK3399ProD 的产品接口

6.1.2　硬件规格

下面将对 TB-RK3399ProD 产品的接口进行详细介绍，表 6-1 列出了 TB-RK3399ProD 产品的硬件规格。

表 6-1　TB-RK3399ProD 产品的硬件规格

硬件	说明
主控芯片	RK3399Pro
CPU	六核 ARM 64 位处理器（双核 Cortex-A72 + 四核 Cortex-A53），主频高达 1.8 GHz
GPU	四核 ARM Mali-T860 MP4 GPU，支持 OpenGL ES 1.1/2.0/3.0/3.1、OpenVG1.1、OpenCL、DX11，支持 AFBC（帧缓冲压缩）
NPU	支持 8bit/16bit 运算，支持 TensorFlow、TensorFlow Lite、PyTorch、Caffe、MXNet、Darknet、ONNX，运算性能高达 3.0 TOPS
VPU	支持 4K VP9 和 4K 10bit H265/H264 视频解码，高达 60fps；1080P 多格式视频解码（WMV、MPEG-1/2/4、VP8），支持 6 路 1080P@30fps 解码；1080P 视频编码，支持 H.264、VP8 格式，支持 2 路 1080P@30fps 编码；视频后期处理器，如反交错、去噪、边缘 / 细节 / 色彩优化

（续）

硬件	说明
RGA	支持实时图像缩放、裁剪、格式转换、旋转等功能
内存	3 GB/6 GB LPDDR3
存储	TF卡
eMMC	16 GB/32 GB eMMC
显示	1 路 HDMI2.0（Type-A）接口，支持 4K/60fps 输出； 1 路 DP1.2（Type-A）接口，支持 4K@60fps 输出； 1 路 MIPI 接口，支持 1920 × 1080@60fps 输出； 1 路 eDP1.3 接口，支持 2K@60fps 输出
音频	1 路 HDMI 或 DP 音频输出； 1 路扬声器，用于喇叭输出； 1 路耳麦，用于音频输入 / 输出； 1 路麦克风，用于板载音频输入； 1 路 8 通道 I2S，支持麦克风阵列
无线网络	板载 Wi-Fi 模块： 支持 2.4G Wi-Fi，支持 802.11b/g/n 协议； 蓝牙 4.2（支持 BLE）
以太网	10/100/1000 Mbit/s 以太网（Realtek RTL8211E）
摄像头接口	2 路 MIPI-CSI 摄像头接口（最高支持单 1300 万像素摄像头或双 800 万像素摄像头）
USB 接口	2 路 USB2.0 Host（Type-A）接口； 1 路 USB3.0 Host（Type-A）接口； 1 路 USB3.0 OTG（Type-C）接口
PCIe 接口	1 路 MiNi PCIe 接口，用于 LTE，可外接 3G/4G 模块； 1 路 PCIe x4 标准接口，支持基于 PICe 高速 Wi-Fi、存储等设备的扩展
SIM	1 路 SIM 卡座，用于配合 MiNi PCIe 接口扩展 LTE 模块
串口	1 路 RS232 接口
扩展接口	40pin 扩展接口，包括：8 通道 I2S 接口（支持麦克风阵列）；1 路 SPI；2 路 ADC 接口；2 路 I2C 接口；4 个 GPIO 端口，支持中断编程；3 路 VCC 电源（12V、3.3V、5V）
电源	12V/2A 直流电

TB-RK3399ProD 开发板是嵌入式开发平台。嵌入式开发平台和 PC 不同，PC 一般具备强大的 CPU 和 GPU 运算能力，但嵌入式开发平台一般运算能力相对较弱，需要更好地兼顾算力、功耗、成本等因素。良好的嵌入式芯片，需要在控制成本和功耗的前提下尽可能提高特定运算的能力。嵌入式芯片一般将一些特定的运算固化成芯片电路，大大提高了运算速度，降低了功耗和成本。

TB-RK3399ProD 可以看作由嵌入式开发板 RK3399 和 NPU 组成。下面介绍 TB-RK3399ProD 进行特定运算的硬件。

（1）CPU

TB-RK3399ProD 拥有六核 CPU，其中两核为 A72 型号，四核为 A53 型号。在进行深度优化编程时，可以把 CPU 的某些运算手动绑定在大核 A72 上，以提高通用运算的速度。

（2）GPU

该开发板的 GPU 型号为 Mali T860，支持 OpenGL 2.x、OpenCL 1.2 及 Vulkan。如果使用 Linux 系统进行开发，使用 OpenGL 和 OpenCL 时，从 Khronos 官网下载对应版本的头文件，加上开发板 Mali 库的 so 库，就可以进行开发。如果使用 Android 系统进行开发，JavaAPI 和 NDK 里自带 OpenGL 和 Vulkan，RK3399pro 的开发接口已经对接了 GPU，直接使用即可。OpenCL 依然需要自己下载 CL 的头文件，配合安卓 system/lib64 的 GLES 的 so 使用。

如果想利用 GPU 做运算，建议去 ARM 官网下载 ARM Compute Library，它分为 Linux 和 Android 两个版本，分别自带包括 ARM NN 在内的 ARM CPU/Mali GPU 等的运算封装，可以大大提高开发效率，毕竟徒手编写 OpenCL 比较复杂。

（3）VPU

RK3399Pro 的 VPU 型号是 RKVdec，VPU2。RK3399Pro 具备强大的视频解码能力，其中 RKVdec 模块支持包括 H264/H265 在内的 6 路 1080P/30FPS、2 路 4K/30FPS（支持 HDR 10bit）或者同等运算量的其他组合形式。而 VPU2 单独的编码模块，可以在解码的同时进行 2 路 1080P/30FPS 的 H264 编码。大家可以对比下 PC 平台，如果想做到这个程度的编解码，需要投入多少钱、花费多少功率用 CPU 和 GPU 来实现。

如果使用 Android 系统进行开发，那么使用 Android 自带的 MediaCodec API 就可以用到所有的 VPU 能力了，RK3399Pro 的接口已经对接好。如果使用 Linux 系统进行开发，推荐使用 RK3399Pro 自己开发的 MPP lib（https://github.com/rockchip-linux/mpp）来调用 VPU 编解码，不要用操作系统自带的源安装 gstreamer、ffmpeg 之类的库，这些库默认都是用 CPU 编解码的。RK3399Pro 官方平台也会发布相关的 rpm 包来让开发者使用 rk vpu 对接过的 gsteamer 和 ffmpeg。如果想下载源码编译，可以在 https://github.com/rockchip-linux 找到。

（4）RGA

RK3399Pro平台的二维RGA可以在极短的时间内复制、旋转、格式转换、缩放、混合图片。无论是Android开发还是Linux开发，要使用平台的RGA单元都需要使用RK3399Pro的RGA lib来调用，而Android因为HWC单元一直在使用该器件进行转屏混合工作，所以在Android上使用RGA的效率远远低于Linux平台。Android的librga位于hardware/rockchip/librga目录里。

（5）NPU

RK3399Pro的NPU可以支持3.0 TOPS的运算，通过传递一张计算图进行初始化后，不断输入数据，输出计算结果。无论是Android开发还是Linux开发，都需要单独使用rknn.api库来调用NPU。

（6）PCI-E x4接口

PCI-E x4接口并不是运算单元，但还是在此介绍一下。并不是所有嵌入式芯片都带有PCI-E插槽，RK3399Pro因为有了PCI-E支持，可以非常方便地扩展包括硬盘阵列在内的各种单元。

读者可在瑞芯微社区官网https://t.rock-chips.com/portal.php上了解到更多RK3399Pro平台的信息。

6.2   开发板开发环境搭建

接下来我们以常用的Linux开发为例搭建开发环境。

6.2.1   开发板的启动和网络配置

1. 登录系统

首先使用USB鼠标和键盘连接TB-RK3399ProD，使用HDMI连接显示器，然后连接板载电源（12V DC插头）启动TB-RK3399ProD，进入用户登录界面并登录。默认用户名和密码都是toybrick。

2. 网络配置

使用网线连接到 TB-RK3399ProD 开发板的以太网口。刚打开时，如果网线是正常插入的就会有一个以太网的选项，正常情况下我们不用配置即可上网。如果需要使用 Wi-Fi 上网，等待扫描 Wi-Fi 热点，扫描完成之后就会出现 Wi-Fi 列表，点击需要连接的 Wi-Fi 热点的 Properties 选项。在 Properties 选项中的 key 中输入密码并点击 OK 按钮退出编辑，然后点击 Connect 按钮连接 Wi-Fi。

3. 串口调试—远程桌面

之前所述的步骤有外接显示器的要求，下面介绍通过串口调试的方法来完成远程桌面连接。

（1）串口调试

1）安装 USB 驱动程序（FTDI 公司）。

2）USB 线连接主机端的 USB Host 接口和开发板的 MicroUSB 调试接口。

3）安装 Tera Term 串口工具（其他工具也可以）。

4）打开 Tera Term，按图 6-2 进行配置。

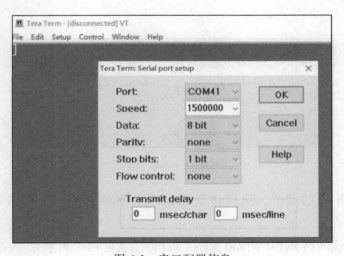

图 6-2 串口配置信息

5）Port 的具体数字，可打开系统的资源管理器并查看端口号。

6）点击 OK 按钮，回车，出现 RK3399 远程登录界面（默认用户名和密码均为 toybrick），如图 6-3 所示。

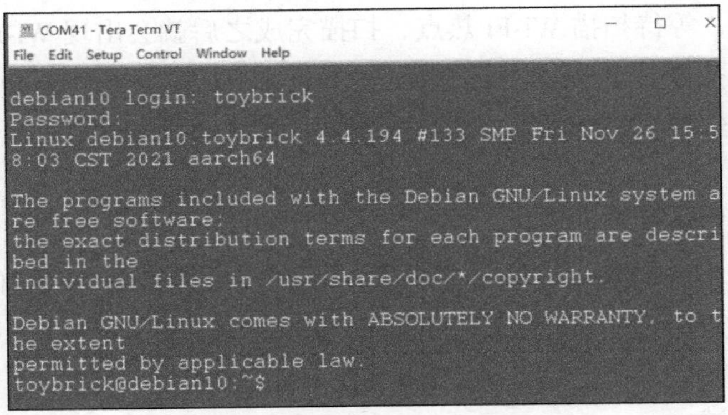

图 6-3　RK3399 远程登录界面

（2）设置 Wi-Fi 连接

1）设置以太网 IP 地址，执行命令 sudo su，进入超级用户模式。

2）测试 wireless tools 工具是否可用。执行 iwlist 命令，提示使用格式（见图 6-4）。如果可用则继续。

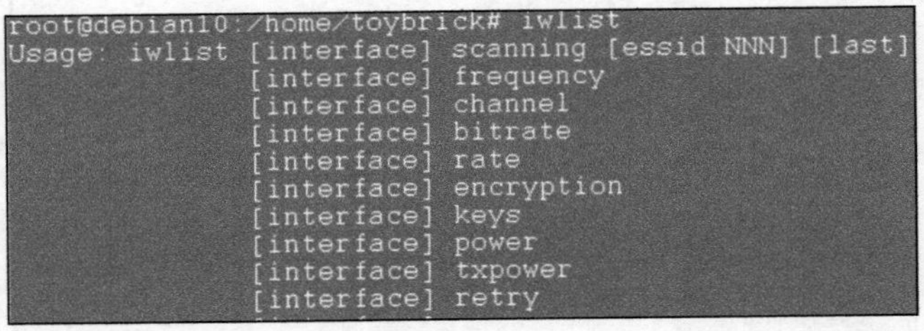

图 6-4　iwlist 命令

3）查看 Wi-Fi 的网卡。执行命令 ifconfig，看到无线网卡的名字为 wlan0（见图 6-5）。

4）搜索无线网络 iwlist wlan0 scan（waln0 为实际网卡名字），或者使用以下命令只列出无线 AP 的名字：iwlist wlan0 scan | grep ESSID（waln0 为实际网卡名字），如图 6-6 所示。

图 6-5 ifconfig 命令

图 6-6 iwlist scan 命令

5）连接无线网络：启动无线网卡（ifconfig wlan0 up），添加 Wi-Fi 连接配置文件（wpa_passphrase "www314" "13388600193" > /etc/wpa_supplicant/www314.conf）。

6）开始连接：删除之前的连接（killall wpa_supplicant），重新开始连接（wpa_supplicant -i wlan0 -c /etc/wpa_supplicant/www314.conf -B），配置 DHCP 自动分配 IP （dhclient wlan0），查看是否连接成功（ifconfig），如果出现 IP 地址则表示连接成功，如图 6-7 所示。

图 6-7　成功配置 Wi-Fi 后的 ifconfig 命令

（3）远程桌面连接

1）安装远程桌面：安装 xrdp 服务（apt-get install xrdp），启动 xrdp 服务（systemctl restart xrdp）。

2）用远程桌面工具进行连接（见图 6-8），连接成功后输入默认用户名和密码即可使用远程桌面。

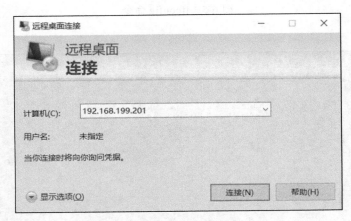

图 6-8　Windows 远程桌面连接

6.2.2　终端与软件包安装

1. 终端

打开桌面上的"开始"菜单，选择 System Tools 打开子选项，在子选项中选择 LXTerminal，单击 LXTerminal 即可打开终端并在终端中输入命令。整个操作如图 6-9 所示。

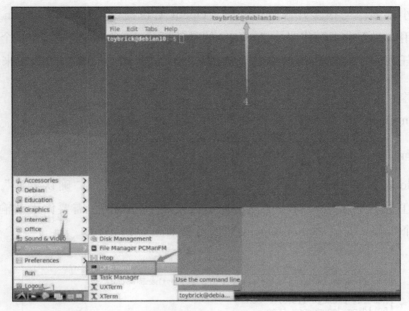

图 6-9　TB-RK3399ProD 开发板打开桌面终端

2. 安装 Linux 软件包

TB-RK3399ProD 开发板预装的 Linux 系统为 Debian 10 嵌入式操作系统。Debian 10 的软件包可以通过 apt 命令安装。

apt 的主要命令如下：

```
apt-cache search package        # 搜索包
apt-get install package         # 安装包
apt-get remove package          # 删除包，不删除配置文件
apt-get remove --purge package  # 删除包，包括配置文件等
apt-get update                  # 更新源
apt-get upgrade                 # 更新已安装的包
apt-get clean                   # 删除缓存的 deb 包
apt-get dist-upgrade            # 升级系统
apt-get dselect-upgrade         # 使用 dselect 升级
```

（1）安装 Python-OpenCV

为什么要安装和使用 Python-OpenCV？因为后续的很多操作都需要对图像进行处理、显示，虽然 Python 很强大，而且有自己的图像处理库 PIL，但是相比 OpenCV，

它还是弱小很多。与很多开源软件一样，OpenCV也提供了完善的Python接口，非常便于调用。截至本书写作时，OpenCV的最新版是4.0，包含超过2500个算法和函数，几乎任何一个你能想到的成熟算法都可以通过调用OpenCV的函数来实现，十分方便。

Python-OpenCV安装起来很方便，使用如下命令就能自动安装。

```
sudo apt-get install python3-opencv -y
```

其中，sudo表示使用root权限安装，最后面的-y参数表示"确认安装"的意思，加-y后会直接进行安装，省去了提示你是否安装（yes/no），需要你手动输入yes确认安装这个步骤。安装Python-OpenCV的过程如图6-10所示。

```
toybrick@debian10:~$ sudo apt-get install python3-opencv -y
[sudo] password for toybrick:
Reading package lists... Done
Building dependency tree
Reading state information... Done
The following NEW packages will be installed:
  python3-opencv
0 upgraded, 1 newly installed, 0 to remove and 0 not upgraded.
Need to get 0 B/478 kB of archives.
After this operation, 2569 kB of additional disk space will be used.
Selecting previously unselected package python3-opencv.
(Reading database ... 119155 files and directories currently installed.)
Preparing to unpack .../python3-opencv_3.2.0+dfsg-6_arm64.deb ...
Unpacking python3-opencv (3.2.0+dfsg-6) ...
Setting up python3-opencv (3.2.0+dfsg-6) ...
toybrick@debian10:~$
```

图6-10　安装Python-OpenCV的过程

（2）安装python3-matplotlib

Matplotlib是一个非常优秀的Python 2D绘图库，只要给出符合格式的数据，通过Matplotlib就可以方便地制作折线图、柱状图、散点图等各种高质量的数据图。我们依旧采用系统的包管理器来安装Matplotlib以解决pip安装时缺失一些依赖库的问题。使用如下命令安装Matplotlib。

```
sudo apt-get install python3-matplotlib -y
```

安装过程如图6-11所示。

```
toybrick@debian10:~$ sudo apt-get install python3-matplotlib -y
[sudo] password for toybrick:
Reading package lists... Done
Building dependency tree
Reading state information... Done
Suggested packages:
 dvipng inkscape ipython3 python-matplotlib-doc python3-cairocffi python3-gicairo
python3-gobject python3-nose python3-pyqt4 python3-sip python3-tornado
texlive-extra-utils texlive-latex-extra ttf-staypuft
The following NEW packages will be installed:
 python3-matplotlib
0 upgraded, 1 newly installed, 0 to remove and 0 not upgraded.
Need to get 5310 kB of archives.
After this operation, 13.8 MB of additional disk space will be used.
Get:1 http://mirrors.ustc.edu.cn/debian buster/main arm64 python3-matplotlib
arm64 3.0.2-2 [5310 kB]
Fetched 4223 kB in 22s (195 kB/s)
Selecting previously unselected package python3-matplotlib.
(Reading database ... 118680 files and directories currently installed.)
Preparing to unpack .../python3-matplotlib_3.0.2-2_arm64.deb ...
```

图 6-11　安装 Matplotlib 的过程

（3）安装更好用的编辑器 Vim

所有的类 Unix 系统都会内建 vi 文本编辑器。但相比 vi 命令，Vim 是程序员为了方便地编写程序而开发的文本编辑器，更为好用。Vim 具有可以让写代码变得轻松愉快的各种各样的功能。和集成开发环境一样，Vim 具有在编辑代码源文件之后直接编译代码的功能（可配置）。编译出错时，可以在另一个窗口中显示错误。根据错误信息，可以直接跳转到正在编辑的源文件出错位置。代码高亮、文本折叠、上下文关联补完都是对程序员特别有帮助的功能。使用如下命令安装 Vim。

```
sudo apt-get install vim -y
```

安装过程如图 6-12 所示。

（4）下载工具 wget

Linux 系统中的 wget 是一个文件下载工具，它用在命令行下，对于 Linux 用户来说必不可少。我们经常要下载一些软件或从远程服务器将备份恢复到本地服务器。wget 支持 HTTP、HTTPS 和 FTP 协议，可以使用 HTTP 代理。wget 支持自动下载，所谓自动下载是指，wget 可以在用户退出系统之后在后台执行。这意味着你可以登录系统，启动一个 wget 下载任务，然后退出系统，wget 将在后台执行直到任务完成。相对于其他大部分浏览器在下载大量数据时需要用户一直参与，这省去了极大的麻烦。

```
toybrick@debian10:~$ sudo apt-get install vim -y
Reading package lists... Done
Building dependency tree
Reading state information... Done
Suggested packages:
 ctags vim-doc vim-scripts
The following NEW packages will be installed:
  vim
0 upgraded, 1 newly installed, 0 to remove and 0 not upgraded.
Need to get 1189 kB of archives.
After this operation, 2931 kB of additional disk space will be used.
Get:1 http://mirrors.ustc.edu.cn/debian buster/main arm64 vim arm64 2:8.1.0875-5
[1189 kB]
50% [1 vim 737 kB/1189 kB 62%] 2957 B/s 2min 32s^Fetched 1189 kB in 1min 12s
(16.5 kB/s)
Selecting previously unselected package vim.
(Reading database ... 119149 files and directories currently installed.)
Preparing to unpack .../vim_2%3a8.1.0875-5_arm64.deb ...
Unpacking vim (2:8.1.0875-5) ...
Setting up vim (2:8.1.0875-5) ...
update-alternatives: using /usr/bin/vim.basic to provide /usr/bin/vim (vim) in
auto mode
update-alternatives: using /usr/bin/vim.basic to provide /usr/bin/vimdiff
(vimdiff) in auto mode
update-alternatives: using /usr/bin/vim.basic to provide /usr/bin/rvim (rvim) in
auto mode
update-alternatives: using /usr/bin/vim.basic to provide /usr/bin/rview (rview)
in auto mode
update-alternatives: using /usr/bin/vim.basic to provide /usr/bin/vi (vi) in
auto mode
update-alternatives: using /usr/bin/vim.basic to provide /usr/bin/view (view) in
auto mode
update-alternatives: using /usr/bin/vim.basic to provide /usr/bin/ex (ex) in
auto mode
toybrick@debian10:~$
```

图 6-12　安装 Vim 的过程

wget 可以跟踪 HTML 页面上的链接并依次下载，以创建远程服务器的本地版本，完全重建原始站点的目录结构。这又常被称作"递归下载"。在递归下载的时候，wget 遵循 Robot Exclusion 标准（/robots.txt）。wget 可以在下载的同时，将链接转换成指向本地文件的链接，以方便离线浏览。wget 非常稳定，它在带宽很窄的情况下和不稳定网络中有很强的适应性。如果是由于网络的原因下载失败，wget 会不断尝试，直到整个文件下载完毕。如果是服务器打断下载过程，它会再次连接到服务器上从停止的地方继续下载。这对从那些限定了连接时间的服务器上下载大文件非常有用。使用如下命令安装 wget。

```
sudo apt-get install wget —y
```

安装过程如图 6-13 所示。

以上安装的就是常用的 Linux 系统软件包，其他必要的安装包也可以在使用时通过 apt 命令安装。

```
toybrick@debian10:~$ sudo apt-get install wget -y
[sudo] password for toybrick:
Reading package lists... Done
Building dependency tree
Reading state information... Done
The following NEW packages will be installed:
  wget
0 upgraded, 1 newly installed, 0 to remove and 0 not upgraded.
Need to get 888 kB of archives.
After this operation, 3327 kB of additional disk space will be used.
Get:1 http://mirrors.ustc.edu.cn/debian buster/main arm64 wget arm64 1.20.1-1.1
[888 kB]
Fetched 888 kB in 27s (32.7 kB/s)
Selecting previously unselected package wget.
(Reading database ... 119159 files and directories currently installed.)
Preparing to unpack .../wget_1.20.1-1.1_arm64.deb ...
Unpacking wget (1.20.1-1.1) ...
Setting up wget (1.20.1-1.1) ...
Processing triggers for man-db (2.8.5-2) ...
```

图 6-13　安装 wget 的过程

3. 安装 Python 软件包

为了搭建可以进行深度学习开发的 Python 环境，我们还需要安装 Python 软件包。Python 软件包可以通过 pip 命令来安装。

主要的 pip 命令如下，其中 PackageName 为需要安装的 Python 模块名称。

```
安装: pip install PackageName
更新: pip install -U PackageName
移除: pip uninstall PackageName
搜索: pip search PackageName
帮助: pip help
```

pip 是很强大的模块安装工具，但由于网络问题，官网 pypi 经常不可用，所以我们最好更换一下自己使用的 pip 源，这样就能解决装不上库的烦恼。

（1）镜像列表

国内用得较多且速度较快的 pip 源有阿里巴巴的 pip 源、豆瓣的 pip 源或者清华大学的 pip 源等，清华大学的 pip 源是官网 pypi 的镜像。

```
// 阿里巴巴:       http://mirrors.aliyun.com/pypi/simple/
// 清华:          https://pypi.tuna.tsinghua.edu.cn/simple/
// 豆瓣:          http://pypi.douban.com/
// 华中理工大学:    http://pypi.hustunique.com/
// 山东理工大学:    http://pypi.sdutlinux.org/
// 中国科学技术大学: http://pypi.mirrors.ustc.edu.cn/
```

（2）临时使用

如果需要临时使用某个 pip 源，可以在使用 pip 的时候加参数 -i。例如：pip install -i https://pypi.tuna.tsinghua.edu.cn/simple gevent，这样就会从清华大学的镜像去安装 gevent 库。

（3）永久修改

想要永久修改 pip 源，在 Linux 系统下，修改 ~/.pip/pip.conf（没有就创建一个），将 index-url 改为 tuna，内容如下：

```
1. [global]
2. index-url = https://pypi.tuna.tsinghua.edu.cn/simple
3. trusted-host = pypi.tuna.tsinghua.edu.cn
4. disable-pip-version-check = true
5. timeout=600
```

其中：index-url 表示源，可以换成其他的源；trusted-host 表示添加源为可信主机，否则可能报错；disable-pip-version-check 设置为 true 表示取消 pip 版本检查，排除每次都报最新的 pip；timeout 是超时设置，timeout=600 表示过了 600ms 仍然没有访问到 pip 源则为超时，停止访问。

使用 pip 命令可以安装需要的 Python 包，完成 Python 开发环境的搭建。

6.3 本章小结

本章介绍了 TB-RK3399Pro 人工智能开发平台，以 TB-RK3399ProD 型号的开发板为例介绍了开发板的硬件规格和性能参数，并介绍了嵌入式开发。为了给在 TB-RK3399Pro 开发板上进行深度学习实战做准备，我们介绍了如何搭建 Linux 开发环境及 Python 开发环境。接下来，我们将基于这些基础内容在开发板上进行卷积神经网络的实践。

第7章

基于 TB-RK3399Pro 进行卷积神经网络实战

在上一章中，我们对人工智能开发平台 TB-RK3399Pro 做了基本介绍。从本章开始，我们将在 TB-RK3399Pro 开发板上进行人工智能开发实战。本章主要介绍卷积神经网络实战。卷积神经网络被广泛应用于计算机视觉任务中。本章将首先介绍如何在开发板上进行图像的读取和采集，接着通过手写数字识别、目标检测和人脸识别三个典型案例帮助读者深入了解开发板的使用、卷积神经网络的训练和部署。

7.1 TB-RK3399Pro 图像采集

本节先来介绍如何使用 TB-RK3399Pro 进行图像采集。

7.1.1 原理

本节内容的原理比较简单，利用 OpenCV 读取 TB-RK3399Pro 开发板的 USB 摄像头，利用 OpenCV 中的图像处理函数对图像进行灰度化、翻转及二值化，并对图像进行显示和保存。OpenCV 是一个跨平台的计算机视觉和机器学习软件库，可以运行在 Linux、Windows、Android 和 macOS 操作系统上。它轻量而且高效——由一系列 C 函数和少量 C++ 类构成，同时提供 Python、Ruby、MATLAB 等语言的接口，实现了图像处理和计算机视觉方面的很多通用算法。TB-RK3399Pro 开发板已经预装 USB 摄像头的驱动，OpenCV 调用 USB 摄像头的类是 VideoCapture。打开摄像头后通过 waitKey() 函数来监听是否有关闭摄像头的按键信号，通过 imshow() 函数可以将图像实时显示，使用 imwrite() 函数即可保存图像。

7.1.2　实战

硬件环境：TB-RK3399Pro 开发板一台，USB 摄像头、显示器、键盘和鼠标各 1 个。

软件环境：Python 3.7，安装 Python3-OpenCV 软件包。

1. 步骤

1）检查 USB 摄像头是否正确安装到开发板上。在终端界面输入以下命令：

```
ls -ltrh /dev/video*
```

如果有 USB 摄像头设备，则会输出信息；如果没有，就需要检查 USB 摄像头的连接是否有问题。正确的输入信息如下：

```
crw-rw----+ 1 root video 81, 1 Jan 13 02:14 /dev/video1
crw-rw----+ 1 root video 81, 0 Jan 13 02:14 /dev/video0
```

2）运行摄像头拍照程序 videoCapture.py：

```
python3 videoCapture.py
```

videoCapture.py 通过 OpenCV 读取 USB 摄像头并实时显示，我们利用 OpenCV 中的函数对图像进行了翻转、灰度化和二值化操作。带有详细注释的源代码如下：

```
1.   #coding:utf-8
2.   import cv2
3.   cap = cv2.VideoCapture(0)
4.   index = 1
5.   while(cap.isOpened()):
6.       ret, frame = cap.read()
7.       cv2.imshow("src_image",frame)#原图
8.       flip= cv2.flip(frame,0)  # 翻转
9.       cv2.imshow("flip_image",flip)
10.      gray=cv2.cvtColor(frame,cv2.COLOR_BGR2GRAY) # 灰度化
11.      cv2.imshow("gray_image",gray)
12.      threshold=cv2.threshold(gray,140,255,0,gray)# 二值化
13.      cv2.imshow("threshold_image",threshold)
14.      k = cv2.waitKey(1) & 0xFF
15.      if k == ord('s'):        # 按下 s(save) 键，进入保存图片操作
16.          cv2.imwrite("./" + str(index) + ".jpg", frame)# 保存图片
17.          index += 1
18.      elif k == ord('q'):        # 按下 q(quit) 键，程序退出
19.          break
```

```
20. cap.release()
21. cv2.destroyAllWindows()
```

2. 结果

在开发板打开终端进入代码的目录，然后运行 videoCapture.py。运行程序后会有 4 个窗口，就是上面代码讲述的原图、翻转图、灰度图和对灰度图二值化的图。按下 s 键保存图片可以看到有一张图片保存在当前文件夹下。按下 q 键退出程序。结果如图 7-1 所示。

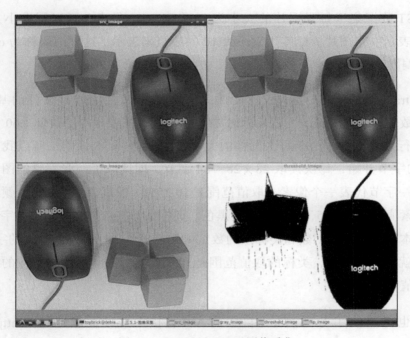

图 7-1 TB-RK3399Pro 图像采集

7.2 TB-RK3399Pro 手写数字识别

7.2.1 原理

MNIST 是一个入门级的计算机视觉数据集，它包含各种手写数字图片，它在机器学习中的地位相当于编程学习中的打印 Hello World 程序。

1. MNIST 数据集获取

MNIST 数据集[24] 是机器学习中常见的数据集，可以从 http://yann.lecun.com/exdb/mnist/ 下载。该数据集包含以下 4 个文件。

- ❑ train-images-idx3-ubyte.gz：训练集的图片，6 万张。
- ❑ train-labels-idx1-ubyte.gz：训练集图片对应的标签（0 ~ 9），6 万张。
- ❑ t10k-images-idx3-ubyte.gz：测试集的图片，1 万张。
- ❑ t10k-labels-idx1-ubyte.gz：测试集图片对应的标签（0 ~ 9），1 万张。

MNIST 数据集里每张图片的大小为 28 像素 × 28 像素，可以用大小为 28 × 28 的数组来表示一张图片。标签用大小为 10 的数组来表示，这种编码称为 one-hot 编码（独热编码）。

例如 train-images-idx3-ubyte.gz 文件，其前 16 字节的内容是文件的基本信息，分别是幻数（magic number，用来标记文件的格式）、图像样本的数量（60 000）、每张图像的行数及列数。由于每张图像的大小是 28 像素 × 28 像素，所以我们从编号为 0016 的字节开始，每次读取 28 × 28=784 字节，即读取了一张完整的图像。我们读取的每一字节代表一个像素，取值范围是 [0,255]。像素值越接近 0，颜色越接近白色；像素值越接近 255，颜色越接近黑色。训练集标签数据文件的前 8 字节记录了文件的基本信息，包括幻数和类标项的数量（60 000）。从编号为 0008 的字节开始，每一字节就是一个类标，类标的取值范围是 [0,9]。类标直接标明了对应的图像样本的真实数值。

我们也可以使用 TensorFlow 自带的 API 直接下载，下载地址为 https://www.tensorflow.org/api_docs/python/tf/keras/datasets/mnist/load_data。

使用 TensorFlow 进行加载，代码如下：

```
1.  import tensorflow as tf
2.  tf.keras.datasets.mnist.load_data(path='mnist.npz')
```

其中 TensorFlow 对数据集进行加载的参数 path 为本地缓存数据集的路径（~/keras / datasets）。加载后返回 NumPy 数组类型的元组：(x_train, y_train), (x_test, y_test)。

2. 网络介绍

CNN 的输入是维度为 (image_height, image_width, color_channels) 的张量。MNIST 数据集是黑白的，因此它只有一个 color_channel（颜色通道）。一般的彩色图片有 3 个通道（R、G、B），熟悉 Web 前端的读者可能知道，有些图片有 4 个通道（R、G、B、A），A 代表透明度。对于识别 MNIST 图片而言，输入是大小为 784（$28 \times 28 \times 1$）的向量，输出是 0 ～ 9 的概率向量（概率最大的位置，即预测的数字）。下面我们对使用的 CNN 分类模型做个介绍。

（1）模型结构

我们在此次实践中使用的模型结构和参数如图 7-2 所示。

```
Model: "sequential"

Layer (type)                    Output Shape              Param #
=================================================================
conv2d (Conv2D)                 (None, 26, 26, 32)        320

max_pooling2d (MaxPooling2D)    (None, 13, 13, 32)        0

conv2d_1 (Conv2D)               (None, 11, 11, 64)        18496

max_pooling2d_1 (MaxPooling2     (None, 5, 5, 64)          0

flatten (Flatten)               (None, 1600)              0

dense (Dense)                   (None, 128)               204928

dropout (Dropout)               (None, 128)               0

dense_1 (Dense)                 (None, 10)                1290
=================================================================
Total params: 225,034
Trainable params: 225,034
Non-trainable params: 0
```

图 7-2　用于 MNIST 分类的 CNN 网络介绍

模型定义的前半部分主要使用 Keras.layers 提供的 Conv2D（卷积）与 MaxPooling2D（池化）函数。网络的第一层卷积层的卷积核大小为 3×3，卷积核数量为 32。输入大小为 28 像素 × 28 像素的待训练图片后，经过两层卷积操作将图片压缩到 (5, 5, 64)。使用 layers.Flatten 会将三维张量转为一维向量。展开前张量的维度是 (5, 5, 64)，转为一维（1600）向量后，layers.Dense 将维数由 1600 缩减到 128，再加一层随机失活层防止过拟合，提升模型泛化能力。最后加上输出层为 10、激活函数是 Softmax 的全连接层，输出的 10 恰好可以表达 0 ～ 9 这十个数字。

（2）损失函数

定义损失函数稀疏分类交叉熵L，公式为

$$L = -\sum_{i=1}^{n}\sum_{t=1}^{c}(y_{i,t}*\log(\widehat{y_{i,t}}))\qquad\text{（7-1）}$$

其中n为样本数，c为标签类别数。

稀疏分类交叉熵与普通的分类交叉熵的区别是，它可以接受非one-hot编码的向量作为y值，因此可用于稀疏多分类问题。

（3）优化器

训练的时候使用Adam（Adaptive Moment Estimation）优化器。Adam优化器是对RMSProp优化器的更新。利用梯度的一阶矩估计和二阶矩估计动态调整每个参数的学习率。它的优点是每一次迭代的学习率都有一个明确的范围，使得参数变化很平稳。

3. 推理图像预处理

MNIST数据集的图像大小是28像素×28像素，数字都在图像中心的20像素×20像素的范围内，四周预留了4个空白像素。在进行推理时，我们在摄像头的中心显示一个框，对截取图像框中的数据进行处理，将截取图像缩放到20像素×20像素大小。对20像素×20像素图形进行灰度化、二值化操作后，再在四周加上4个像素黑色背景，使其变成28像素×28像素的大小，然后将图片送入训练好的模型进行推理即可。

7.2.2 实战

本实战的硬件环境包括：TB-RK3399Pro开发板一块，显示屏、鼠标、键盘和USB摄像头各一个。本实战的软件环境为Python 3.7，所需要的主要Python环境依赖为TensorFlow 1.14.0，OpenCV和NumPy。

1. 步骤

（1）训练模型

安装好环境后可以训练模型，模型训练的代码为tf_mnist_train.py，其中主要的函数为 train_model()。加载数据对模型进行训练，带有注释的源码如下。完整的训练代码见 https://keras.io/examples/vision/mnist_convnet/。

```
1.  def train_model():
2.      train_images, train_labels, test_images, test_labels = loader_datasets()
3.      model = create_model()
4.      # 训练并验证模型
5.      model.fit(train_images,
6.              train_labels,
7.              batch_size=100, # 每次训练送入的数据大小
8.              # validation_data=(test_images, test_labels),
9.              epochs=2)
10.     # 使用卷积后，在训练第二轮的时候达到较高准确率，如果时间充裕，可以适当增加次数，以进
        一步提高准确率
11.     # 把模型保存成 HDF5 文件
12.     model.save(model_file)
13.     # model.summary()
14.     # 评估准确性
15.     test_loss, test_acc = model.evaluate(test_images, test_labels, verbose=2)
16.     print('\nTest accuracy:', test_acc)
```

运行训练模型的脚本 tf_mnist_train.py。大约三分钟后程序可以迭代完一个 epoch，将会在当前目录下生成 tf_mnist_model.h5 模型文件。

（2）图片预测

在得到模型文件 tf_mnist_model.h5 之后，在终端运行 tf_mnnist_predict.py 进行图片预测。

2. 结果

在终端运行训练脚本，可以看到只运行了两轮的训练模型的准确率就已达到 98.6%。同时将会在当前目录生成 tf_mnist_model.h5 模型文件，如图 7-3 所示。我们也可以尝试修改 tf_mnist_train.py 文件中 train_model 函数的 batch_size 和 epochs 的值，观察输入数据批次大小、训练次数对训练时间及准确率的影响。

得到模型文件后运行 tf_mnist_predict.py，将数字对准在红框中，即可对红框中的数字进行推理。（为保证识别效率，请尽量使用白纸黑字，数字字体粗体，gray_image 窗口显示较为清晰的黑白数字。）推理结果如图 7-4 所示。num=3 表示识别结果为 3，score=1.0 代表识别为 3 的分类置信度为 1.0。

```
x_train: (60000, 28, 28, 1)
y_train: (60000,)
x_test: (10000, 28, 28, 1)
y_test: (10000,)
WARNING:tensorflow:From /home/toybrick/.local/lib/python3.7/site packages/tensorflow/python/ops/init_ops.py:1251: calling
VarianceScaling.__init__ (from tensorflow.python.ops.init_ops) with dtype is
deprecated and will be removed in a future version.
Instructions for updating:
Call initializer instance with the dtype argument instead of passing it to the
constructor
Model: "sequential"

Layer (type)                 Output Shape              Param #
=================================================================
conv2d (Conv2D)              (None, 26, 26, 32)        320

max_pooling2d (MaxPooling2D) (None, 13, 13, 32)        0

conv2d_1 (Conv2D)            (None, 11, 11, 64)        18496

max_pooling2d_1 (MaxPooling2 (None, 5, 5, 64)          0

flatten (Flatten)            (None, 1600)              0

dense (Dense)                (None, 128)               204928

dropout (Dropout)            (None, 128)               0

dense_1 (Dense)              (None, 10)                1290
=================================================================
Total params: 225,034
Trainable params: 225,034
Non-trainable params: 0

Epoch 1/2
60000/60000 [==============================] - 90s 1ms/sample - loss: 0.2149 -
acc: 0.9338
Epoch 2/2
60000/60000 [==============================] - 90s 1ms/sample - loss: 0.0624 -
acc: 0.9807
10000/10000 - 8s - loss: 0.0397 - acc: 0.9868
Test accuracy: 0.9868
```

图 7-3   训练 MNIST 分类网络

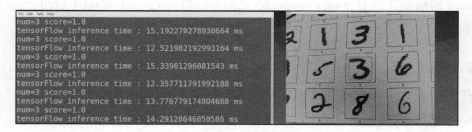

图 7-4   手写数字识别推理结果

7.3   TB-RK3399Pro YOLO 目标检测

在本节，我们将在 TB-RK3399Pro 平台上进行更为复杂的计算机视觉任务的实战——目标检测。

7.3.1　原理

目标检测是用于识别图像中目标位置的技术。目前目标检测领域主要分为两类：两阶段（Two Stages）目标检测算法和一阶段（One Stage）目标检测算法。

- ❑ 两阶段目标检测算法：首先由算法生成一系列作为样本的候选框，再通过卷积神经网络进行样本分类。常见的算法有 R-CNN、Fast R-CNN、Faster R-CNN 等。

- ❑ 一阶段目标检测算法：不需要产生候选框，直接将目标框定位的问题转化为回归问题处理，常见的算法有 YOLO、SSD 等。这里重点介绍 YOLO 算法[25]。

YOLO 算法的基本思想是：首先将输入图像分成 $S \times S$ 个格子，如果某个预测对象的中心坐标落在某个格子中，那么就由该格子来预测该对象。每个格子都会预测 B 个边界框，每个边界框输出为 $(5+C)$ 长度。下面以 YOLOv3[16] 为例介绍具体的参数。

- ❑ $S \times S$：YOLOv3 中输入图像会切割成 13×13、26×26、52×52，YOLOv3-Tiny 中会分割成 13×13、26×26。

- ❑ B：在 YOLOv3 中该值为 3，该值表示边界框个数。

- ❑ $5+C$："5" 是指 5 个值，即预测边界框（Bounding Box）的中心坐标和长宽（Box Coordinates）、识别对象置信度（Objectness Score）。C 代表模型可预测分类（Class Scores），VOC 数据集为 20，coco 数据集为 80，也可以自己训练。

由此我们可以计算出 YOLOv3-Tiny（coco 数据集）的输出为 2 个数组 $13 \times 13 \times (3 \times (5+80))$ 和 $26 \times 26 \times (3 \times (5+80))$。

在 YOLOv3 的后处理阶段，首先需要进行对数空间变换。模型输出中的边界框中心坐标和长宽是相对参数，我们需要进行对数空间变换得到真实的坐标和长度。

$$b_x = \sigma(t_x) + c_x \tag{7-2}$$

$$b_y = \sigma(t_y) + c_y \tag{7-3}$$

$$b_w = p_w * e^{t_w} \tag{7-4}$$

$$b_h = p_h * e^{t_h} \tag{7-5}$$

t_x、t_y、t_w、t_h 为模型输出，c_x、c_y 是物体中心所在格子索引。(t_x, t_y) 经过 Sigmoid 函数映射到 $(0, 1)$ 区间。p_w、p_h 为对应锚框（Anchors Box）的宽高。

同时还需要对输出进行过滤。考虑到输出参数很多，且其中大部分输出不是我们期望的数据，我们可以设置一个基于对象置信度的阈值，低于阈值分数的框被忽略，这样可以过滤掉大部分无用的数据。YOLOv3 使用非极大值抑制算法（Non-Maximum Suppression, NMS）进行数据过滤。NMS 可以解决同一图像的多重检测问题。

NMS 的具体步骤如下：

1）将所有检测框按置信度得分排序，选中置信度最高的框；

2）遍历其余的框，如果有框与当前选中的最高得分框的交并比（IoU）大于一定阈值，我们就将其删除；

3）从未处理的框中继续选一个得分最高的，重复上述过程。

7.3.2　实战

本实战的硬件环境为 TB-RK3399Pro 开发板一台，显示屏、鼠标、键盘和 USB 摄像头各一个。本实战的软件环境为 Python 3.7，所需的主要 Python 环境依赖为 TensorFlow 1.14.0，OpenCV 和 NumPy 等。

1. 步骤

（1）安装相关依赖库

```
sudo apt-get install wget
sudo apt-get install python3-matplotlib
sudo pip3 install sip
sudo apt-get install python3-pyqt5
sudo apt-get install python3-lxml
```

（2）快速开始

YOLO 网络的训练比较耗时，为了快速熟悉目标检测任务，使用 YOLO 官网已经训练好的模型（coco 数据集）进行预测，可以识别 80 种物体。使用如下命令进行实验。

```
cd model_data/
wget -nc https://pjreddie.com/media/files/yolov3-tiny.weights
python3 convert.py yolov3-tiny.cfg yolov3-tiny.weights yolov3-tiny.h5
cd ..
python3 yolo.py --image
```

其中，--image 后面需要输入待检测的图片路径。

2. 结果

输入图片路径 ./test_images/1.jpg 后显示的结果如图 7-5 所示。结果表示识别图像中的目标为 cat（猫），识别的置信度为 0.42。

图 7-5　YOLO 目标检测结果

模型结构和详细后处理过程的核心代码在 yolo3/model.py 中，建议配合理论部分阅读代码。具体的代码可以在社区官网 https://t.rock-chips.com/forum.php?mod=viewthread&tid=184 得到。其中的函数 yolo_body() 和 yolo_head() 定义了 YOLO 的结构和输出约束。

```
1.  def yolo_body(inputs, num_anchors, num_classes):
2.      """Create YOLO_V3 model CNN body in Keras."""
3.      darknet = Model(inputs, darknet_body(inputs))
4.      x, y1 = make_last_layers(darknet.output, 512, num_anchors*(num_classes+5))
5.      x = compose(
```

```
6.              DarknetConv2D_BN_Leaky(256, (1,1)),
7.              UpSampling2D(2))(x)
8.      x = Concatenate()([x,darknet.layers[152].output])
9.      x, y2 = make_last_layers(x, 256, num_anchors*(num_classes+5))
10.     x = compose(
11.             DarknetConv2D_BN_Leaky(128, (1,1)),
12.             UpSampling2D(2))(x)
13.     x = Concatenate()([x,darknet.layers[92].output])
14.     x, y3 = make_last_layers(x, 128, num_anchors*(num_classes+5))
15.     return Model(inputs, [y1,y2,y3])
16. def yolo_head(feats, anchors, num_classes, input_shape, calc_loss=False):
17.
18.     num_anchors = len(anchors)
19.
20.     anchors_tensor = K.reshape(K.constant(anchors), [1, 1, 1, num_anchors, 2])
21.     grid_shape = K.shape(feats)[1:3]
22.     grid_y = K.tile(K.reshape(K.arange(0, stop=grid_shape[0]), [-1, 1, 1,
            1]),[1, grid_shape[1], 1, 1])
23.     grid_x = K.tile(K.reshape(K.arange(0, stop=grid_shape[1]), [1, -1, 1,
            1]),[grid_shape[0], 1, 1, 1])
24.     grid = K.concatenate([grid_x, grid_y])
25.     grid = K.cast(grid, K.dtype(feats))
26.     feats = K.reshape(feats, [-1, grid_shape[0], grid_shape[1], num_anchors,
            num_classes + 5])
27.
28.     box_xy = (K.sigmoid(feats[..., :2]) + grid) / K.cast(grid_shape[::-1],
            K.dtype(feats))
29.     box_wh = K.exp(feats[..., 2:4]) * anchors_tensor / K.cast(input_shape
            [::-1], K.dtype(feats))
30.     box_confidence = K.sigmoid(feats[..., 4:5])
31.     box_class_probs = K.sigmoid(feats[..., 5:])
32.     if calc_loss == True:
33.         return grid, feats, box_xy, box_wh
34.     return box_xy, box_wh, box_confidence, box_class_probs
```

7.4 TB-RK3399Pro 人脸识别

本节我们将在 TB-RK3399Pro 开发板上进行卷积神经网络的另一个实战项目：
人脸识别。

7.4.1 原理

本项目通过自己准备人脸数据集来训练一个简单的三层卷积神经网络，该神

经网络经过训练后可以识别出输出图像是本人还是其他人。我们用来检测人脸的
是 OpenCV 中的级联分类器 CascadeClassifier，具体为 OpenCV 训练好的基于 Haar
特征的人脸级联分类器。官方下载地址为 https://github.com/opencv/opencv/tree/
master/data/haarcascades。其中，我们选用了准确率和速度都比较好的分类器文件
haarcascade_frontalface_alt2.xml。部分人脸的图片集采用的是人脸识别测试数据库
LFW 中的图片，LFW 的官方网址为 http://vis-www.cs.umass.edu/lfw/#views。我们从
中选取了 3000 张人像图片，截出人脸部分，保存成 64 像素×64 像素大小的图片集，
放于文件 ./data/other_faces.tar 中。

该人脸识别网络为三层卷积神经网络，是一个二分类网络，可以识别出输入图
像为采集者本人还是其他人。它的分类函数为 Softmax 函数。

本实践项目主要包括三部分代码，第一部分为采集实验者面部照片的 get_my_
faces.py，第二部分为训练人脸识别网络的代码 train.py，第三部分为进行预测的代码
test.py。

1. get_my_faces.py

get_my_faces.py 读取摄像头，并通过 OpenCV 中的级联分类器来检测人脸，获
得采集者的面部照片。带有详细注释的源码如下。

```
1.  # -*- coding:utf-8 -*-
2.  import cv2
3.  import os
4.  import sys
5.  import random
6.  # 图片宽高
7.  img_w = 64
8.  img_h = 64
9.  # 最多采集 500 张人脸图片
10. MAX_NUM = 500
11. data_dir = './data/'
12. my_dir = './data/my_faces/'
13. # 改变图片的亮度与对比度
14. def relight(img, light=1, bias=0):
15.     w = img.shape[1]
16.     h = img.shape[0]
17.     for i in range(0, w):
18.         for j in range(0, h):
```

```
19.              for c in range(3):
20.                  tmp = int(img[j,i,c] * light + bias)
21.                  if tmp > 255:
22.                      tmp = 255
23.                  elif tmp < 0:
24.                      tmp = 0
25.                  img[j,i,c] = tmp
26.      return img
27. if __name__ == '__main__':
28.      # 采集照片存放目录
29.      output_dir = my_dir
30.      # 判断目录是否存在，若不存在则创建
31.      if not os.path.exists(output_dir):
32.          os.makedirs(output_dir)
33.      print("save faces pictures to", output_dir)
34.      # 获取分类器
35.      haar = cv2.CascadeClassifier('./haarcascade_frontalface_alt2.xml')
36.      # 打开摄像头，参数为输入流，可以为摄像头或视频文件
37.      camera = cv2.VideoCapture(0)
38.      # 查看摄像头是否已经打开
39.      if not camera.isOpened():
40.          print("Camera open error! Please check camera!")
41.          sys.exit(1)
42.      index = 1
43.      while True:
44.          if (index <= MAX_NUM):
45.              print('Processing picture %s' % index)
46.              # 从摄像头读取图像
47.              success, img = camera.read()
48.              if success == False:
49.                  print("Camera read picture error! Please check camera!")
50.                  break;
51.              # 将图片从 BGR 转为灰度图
52.              gray_img = cv2.cvtColor(img, cv2.COLOR_BGR2GRAY)
53.              # 开始检测人脸，每次缩小图像的比例为 1.3，周围矩形框的数目达到 5 时才算匹配成功
54.              faces = haar.detectMultiScale(gray_img, 1.3, 5)
55.              for f_x, f_y, f_w, f_h in faces:
56.                  face = img[f_y:f_y+f_h, f_x:f_x+f_w]
57.                  # 调整图片的对比度与亮度，对比度与亮度值都取随机数，这样能增加样本的多样性
58.
59.                  face = relight(face, random.uniform(0.8, 1.2), random.randint
                          (-20, 20))
60.                  # 将图片调整成我们需要的尺寸
61.                  face = cv2.resize(face, (img_w, img_h))
62.                  # 设置 OpenCV 显示窗口信息
63.                  cv2.namedWindow('image', cv2.WINDOW_NORMAL)
64.                  cv2.resizeWindow('image', 256, 256)
65.                  cv2.moveWindow('image', 200, 200)
```

```
66.            cv2.imshow('image', face)
67.            # 保存图像文件
68.            cv2.imwrite(output_dir + str(index) + '.jpg', face)
69.            index += 1
70.        # 检测是否按下 q 键，若按下则结束人脸照片采集
71.        key = cv2.waitKey(30) & 0xff
72.        if key == ord('q'):
73.            break
74.    else:
75.        print('Finished!')
76.        break
77. # 释放摄像头资源
78. camera.release()
79. # 销毁所有的窗口
80. cv2.destroyAllWindows()
```

2. train.py

train.py 定义了由三层卷积神经网络组成的人脸识别网络，并进行了数据的读取和训练设置。该网络是一个二分类网络，识别输入图像是采集者本人还是其他人。带有详细注释的源码如下。

```
1.  # -*- coding:utf-8 -*-
2.  import cv2
3.  import os
4.  import random
5.  import numpy as np
6.  from sklearn.model_selection import train_test_split
7.  import tensorflow as tf
8.  from tensorflow import keras
9.  from tensorflow.keras.layers import Dense, Dropout, Activation, Flatten
10. from tensorflow.keras.layers import Conv2D, MaxPooling2D, BatchNormalization
11. my_faces_path = './data/my_faces'
12. other_faces_path = './data/other_faces'
13. img_w = 64
14. img_h = 64
15. # 2 种类别
16. num_classes = 2
17. # 存放图片数据与标签数据
18. imgs = []
19. labs = []
20. # 图片读取函数
21. def readData(path , h=img_w, w=img_h):
22.     for filename in os.listdir(path):
23.         if filename.endswith('.jpg'):
24.             filename = path + '/' + filename
```

```
25.              img = cv2.imread(filename)
26.              img = cv2.resize(img, (h, w))
27.              imgs.append(img)
28.              labs.append(path)
29. # 定义模型结构
30. def cnnModel():
31.     model = keras.models.Sequential([
32.         Conv2D(32, (3, 3), padding='same', activation='relu', input_shape=
                (64, 64, 3)),
33.
34.         MaxPooling2D(pool_size=(2, 2)),
35.         Dropout(0.3),
36.         Conv2D(64, (3, 3), padding='same', activation='relu'),
37.         MaxPooling2D(pool_size=(2, 2)),
38.         Dropout(0.3),
39.         Conv2D(64, (3, 3), padding='same', activation='relu'),
40.         MaxPooling2D(pool_size=(2, 2)),
41.         Dropout(0.3),
42.         Flatten(),
43.         Dense(256, activation='relu'),
44.         Dropout(0.5),
45.         Dense(num_classes, activation='softmax')
46.     ])
47.     return model
48. if __name__ == '__main__':
49.     # 读取图片数据
50.     readData(my_faces_path)
51.     readData(other_faces_path)
52.     # 将图片数据与标签转换成数组
53.     imgs = np.array(imgs)
54.     labs = np.array([1 if lab == my_faces_path else 0 for lab in labs])
55.     # 随机划分测试集与训练集
56.     x_train, x_test, y_train, y_test = train_test_split(imgs, labs, test_size=0.2,
                random_state=random.randint(0,100))
57.
58.     # 图片数据的总数，图片的高、宽、通道
59.     x_train = x_train.reshape(x_train.shape[0], img_w, img_h, 3)
60.     x_test = x_test.reshape(x_test.shape[0], img_w, img_h, 3)
61.     # 将数据转换成小于1的数
62.     x_train = x_train.astype('float32') / 255.0
63.     x_test = x_test.astype('float32') / 255.0
64.     print('train size:%s, test size:%s' % (len(x_train), len(x_test)))
65.     model = cnnModel()
66.     model.compile(optimizer=keras.optimizers.Adam(0.01),
67.                   loss='sparse_categorical_crossentropy',
68.                   metrics=['accuracy'])
69.     print('\nStart training')
70.     model.fit(x_train, y_train, epochs=3)
```

```
71.      print('\nStart testing')
72.      loss, accuracy = model.evaluate(x_test, y_test)
73.      # 保存模型
74.      model.save("./face_recog_model.h5")
```

3. test.py

test.py 级联了人脸检测器和人脸识别 CNN 分类网络，读取摄像头并进行实时检测和识别。带有详细注释的源码如下。

```
1.  # -*- coding:utf-8 -*-
2.  import cv2
3.  import sys
4.  import numpy as np
5.  import tensorflow as tf
6.  from tensorflow import keras
7.  img_w = 64
8.  img_h = 64
9.  # 加载模型
10. model = keras.models.load_model('./face_recog_model.h5')
11. # 人脸预测函数
12. def is_my_face(image):
13.     img = np.array(image)
14.     img = img.reshape(1, img_w, img_h, 3)
15.     predict = model.predict(img / 255.0)
16.     predict = np.argmax(predict)
17.     if predict == 1:
18.         return True
19.     else:
20.         return False
21. # 获取分类器
22. haar = cv2.CascadeClassifier('./haarcascade_frontalface_alt2.xml')
23. cam = cv2.VideoCapture(0)
24. # 查看摄像头是否已经打开
25. if not cam.isOpened():
26.     print("Camera open error! Please check camera!")
27.     sys.exit(1)
28. while True:
29.     success, img = cam.read()
30.     if success == False:
31.         print("Camera read picture error! Please check camera!")
32.         break;
33.     gray_image = cv2.cvtColor(img, cv2.COLOR_BGR2GRAY)
34.     # 开始检测人脸，每次缩小图像的比例为 1.3，周围矩形框的数目达到 5 时才算匹配成功
35.     faces = haar.detectMultiScale(gray_image, 1.3, 5)
36.     # 对检测到的人脸依次进行处理
37.     for f_x, f_y, f_w, f_h in faces:
```

```
38.          face = img[f_y:f_y+f_h, f_x:f_x+f_w]
39.          # 调整图片的尺寸
40.          face = cv2.resize(face, (img_w, img_h))
41.          if is_my_face(face) == True:
42.              cv2.rectangle(img, (f_x, f_y), (f_x + f_w, f_y + f_h),
                     (255, 0, 0), 3)
43.
44.              cv2.putText(img, 'me', (f_x - 10, f_y - 10),
45.                      cv2.FONT_HERSHEY_SIMPLEX,
46.                      1, (255, 0, 0), 2)
47.          else:
48.              cv2.rectangle(img, (f_x, f_y), (f_x + f_w, f_y + f_h),
                     (0, 0, 255), 3)
49.
50.              cv2.putText(img, 'others', (f_x - 10, f_y - 10),
51.                      cv2.FONT_HERSHEY_SIMPLEX,
52.                      1, (0, 0, 255), 2)
53.      # 显示
54.      cv2.imshow('image',img)
55.      # 如果按下 q 键则退出
56.      key = cv2.waitKey(30) & 0xff
57.      if key == ord('q'):
58.          break;
59. # 释放摄像头资源
60. cam.release()
61. # 销毁所有的窗口
62. cv2.destroyAllWindows()
```

7.4.2　实战

通过本实战，训练一个可以识别出本人人脸特征的卷积神经网络，实现实验级的人脸识别效果，进一步加深开发者对卷积神经网络的理解。本实战的硬件环境为 TB-RK3399Pro 开发板一块，显示屏、鼠标、键盘和 USB 摄像头各一个。实战的软件环境为 Python 3.7，所需的主要 Python 环境依赖为 TensorFlow 1.14.0、OpenCV 和 sklearn 等。

1. 步骤

（1）采集本人人脸图片

首先需要采集要识别的脸部的数据集，打开终端，输入：

```
python3 get_my_faces.py
```

输入命令后，人脸对着摄像头，这个过程中程序会自动检测人脸，截出人脸图片并保存。为了提高准确率，请采集尽可能多的人脸图片，建议不少于 200 张，并且建议采集时不断地上下左右转动头部，确保能采集到多角度的人脸。

采集程序采集 500 张后会自动退出，按 q 键可以提前退出采集程序。采集的人脸图片保存在目录 ./data/my_faces/ 中。

（2）训练卷积神经网络

解压出其他人脸的数据集，在终端中输入：

```
cd ./data/
tar -xvf other_faces.tar
```

执行上述命令后，会生成其他人脸图片，位于目录 ./data/other_faces/ 中。

开始训练，回到项目案例根目录，在终端中输入 python3 train.py。训练结束后会在当前目录下保存一个模型文件 ./face_recog_model.h5。

（3）测试

在终端中输入 python3 test.py。执行命令后，会显示摄像头拍摄的图像，若图像中有人脸，则会自动识别出是本人还是其他人。

2. 结果

本实战通过自己采集数据集（通过摄像头拍摄图像），经过卷积神经网络训练后，可以识别登记的人脸。一旦识别到本人，会显示 me，识别不到本人就会显示 others。

此项目为实验级的人脸识别项目，为了进一步提高精度与实用性，开发者可以尝试采用 MTCNN[26] 等人脸检测器实现人脸检测，采用 FaceNet[27] 等网络实现人脸识别。

7.5　本章小结

在本章中，我们基于 TB-RK3399Pro 人工智能开发平台进行了卷积神经网络的实战。首先介绍了如何进行图像读取和采集，接着通过手写数字识别、目标检测和人脸识别三个典型案例，结合原理介绍和实战讲解，详细介绍了如何在 TB-RK3399Pro 开发板上进行卷积神经网络的实战。相信通过这些案例，开发者对于卷积神经网络以及在开发板上进行卷积神经网络实战有了更深的了解。TB-RK3399Pro 的优势在于具备可以加速神经网络推理的 NPU，但目前在推理阶段并没有利用到 NPU 的强大算力，接下来，我们将介绍如何在 TB-RK3399Pro 上进行神经网络的运算加速，以充分利用 NPU 的强大算力。

CHAPTER 8

第 8 章

TB-RK3399Pro 神经网络运算加速

TB-RK3399Pro 的 NPU 可以支持 3.0 TOPS 的运算，通过传递一张计算图并初始化，不断地输入数据，输出计算结果。

本章将介绍 TB-RK3399Pro 神经网络运算加速。在推理阶段，神经网络不需要反向传播，只需要进行前向传播，因此通常通过将模型转换为一张计算图并初始化，来利用 NPU 进行神经网络的运算加速。在开发中使用 TB-RK3399Pro 平台的 rknn.api 库来调用加速引擎。

8.1 神经网络运算加速引擎介绍

TB-RK3399Pro 开发板中的 RK3399Pro 芯片自带 NPU，可以对卷积、池化等神经网络运算进行加速。TB-RK3399Pro 拥有简单易用的模型转换工具，支持一键转换，支持 Caffe、TensorFlow、PyTorch 等主流架构模型，支持利用 OpenCL、OpenVX 进行客户自定义模型或者 CV 功能的预处理。它也具备异构计算能力，NN 核支持卷积神经和全连接层，CPU 和 PPU 用于精度计算和未来的网络层 [22,23]。

表 8-1 列举了典型网络在 TB-RK3399Pro（以 TB-RK3399ProD 为例）上的推理运算性能，可以看到，经过 NPU 加速后的推理能达到较好的性能。

表 8-1　TB-RK3399ProD 开发平台的 NPU 推理性能

模型类型	模型名称	FPS
图像识别分类	VGG16	46.4

（续）

模型类型	模型名称	FPS
图像识别分类	Resnet50	70.45
	InceptionV4	14.34
	MobileNet	190
目标检测	MobilNetV2-SSD	84.5
	YOLOv2	43.4

TB-RK3399Pro配备了完善的RKNN-Toolkit开发工具。RKNN-Toolkit是为用户提供在PC、NPU平台上进行模型转换、推理和性能评估的开发套件，可以实现模型快速转换、仿真评估性能、联机运行调试及验证最终精度等功能。该工具提供的Python接口支持以下功能。

1）模型转换：支持Caffe、TensorFlow、TensorFlow Lite、ONNX、Darknet、PyTorch、MXNet和Keras模型转为RKNN模型，并支持RKNN模型导入和导出。RKNN模型能够在瑞芯微的NPU平台上加载使用。从1.2.0版本开始支持多输入模型，从1.3.0版本开始支持PyTorch和MXNet，从1.6.0版本开始支持Keras框架模型，并支持TensorFlow 2.0导出的h5模型。

2）量化功能：支持将浮点模型量化为定点模型。

3）模型推理：能够在PC上模拟Rockchip NPU运行RKNN模型并获取推理结果，或将RKNN模型分发到指定的NPU设备上进行推理。

4）性能评估：能够在PC上模拟Rockchip NPU运行RKNN模型并评估模型性能（包括总耗时和每一层的耗时），或将RKNN模型分发到指定NP设备上运行，以评估模型在实际应用平台上的性能。

接下来主要介绍如何在TB-RK3399Pro平台进行模型的部署、推理和量化。

8.2 神经网络模型部署和推理

本节将介绍如何在TB-RK3399Pro平台部署神经网络模型，以利用TB-RK3399Pro平台的NPU进行神经网络运算加速。

硬件环境为TB-RK3399Pro开发板1块，显示器、键盘、鼠标、USB摄像头各

1 个。软件环境为 Python 3.7、Python3-OpenCV 和 rknn.api。

运行非 RKNN 模型时，RKNN-Toolkit 使用流程如图 8-1 所示。

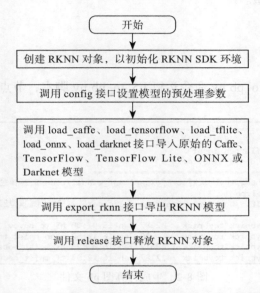

图 8-1 运行非 RKNN 模型时，RKNN-Toolkit 使用流程

可见运行非 RKNN 模型时整个流程是比较烦琐且耗时的，但如果将模型转换为 RKNN 模型，推理流程得以简化，耗时也更少。

8.2.1 模型部署

本节介绍如何将 TensorFlow 等框架下训练的模型在 TB-RK3399Pro 平台进行部署，转换为 TB-RK3399Pro 平台的 NPU 可以加载和计算的 RKNN 模型。我们以 7.2 节中训练的用于 MNIST 数据手写数字识别的模型为例进行转换和部署。

1. 步骤

（1）生成 pb 文件

首先运行 python3 h5_to_pb.py 将模型格式从 .h5 格式转换为 .pb 格式。pb 文件同时包含了模型的权重参数和图结构，是一张静态计算图。具体代码可以在瑞芯微开源社区查找。

（2）生成 RKNN 模型

运行 python3 rknn_mnist_transfer.py 将 .pb 格式的模型转换为 RK3399Pro 的 NPU 可以加载的 RKNN 模型。

2. 结果

（1）生成 pb 文件

使用 python3 h5_to_pb.py 命令运行 h5_to_pb.py 脚本，节点信息如图 8-2 所示。

```
==================节点信息==================
├ input shape : (?, 28, 28, 1)
├ input name : flatten_input
├ output name : dense_1/Softmax
==========================================
saved model : /home/toybrick/work/experiment_manual/code/8.2-神经网络模型部
署/tf_mnist_model.pb
toybrick@debian10:~/work/experiment_manual/code/6.2-神经网络模型部署$ ls -1
total 1632
-rw-r--r-- 1 toybrick toybrick    2087 Jan 16 07:00 h5_to_pb.py
-rw-r--r-- 1 toybrick toybrick     939 Jan 16 11:52 rknn_mnist_transfer.py
-rw-r--r-- 1 toybrick toybrick 1248512 Jan 16 07:29 tf_mnist_model.h5
-rw-r--r-- 1 toybrick toybrick  412187 Jan 16 12:03 tf_mnist_model.pb
```

图 8-2　生成计算图 pb 文件

在当前文件夹中生成了一个名为 tf_mnist_model.pb 的 TensorFlow 模型文件。可以看到，输出的 shape = (?, 28, 28, 1)，其中"？"表示的是 batch。输入节点名称为 flatten_input。输出节点名称为 dense_1/Softmax。

（2）生成 RKNN 模型文件

运行完 rknn_mnist_transfer.py 后将会在本地生成一个名为 tf_mnist_model.rknn 的文件，如图 8-3 所示。

```
toybrick@debian10:~/work/experiment_manual/code/8.2-神经网络模型部署$ python3 h5_to_pb.py
...
略过TensorFlow的log
...
--> Loading model
done
--> Building model
done
toybrick@debian10:~/work/experiment_manual/code/8.2-神经网络模型部署$ ls -1
total 1836
-rw-r--r-- 1 toybrick toybrick    2087 Jan 16 07:00 h5_to_pb.py
-rw-r--r-- 1 toybrick toybrick     939 Jan 16 11:52 rknn_mnist_transfer.py
-rw-r--r-- 1 toybrick toybrick 1248512 Jan 16 07:29 tf_mnist_model.h5
-rw-r--r-- 1 toybrick toybrick  412187 Jan 16 12:03 tf_mnist_model.pb
-rw-r--r-- 1 toybrick toybrick  208088 Jan 16 12:07 tf_mnist_model.rknn
```

图 8-3　生成 RKNN 模型文件

8.2.2　模型推理

在模型推理之前，必须先初始化运行时环境（见表 8-2），确定模型在哪一个芯片平台上运行。

表 8-2　RKNN.api 初始化

API	init_runtime
描述	初始化运行时环境。确定模型运行的设备信息（芯片型号、设备 ID）
参数	target：目标硬件平台，目前支持"rk3399pro""rk1806""rk1808""rv1109"和"rv1126"。默认为 None，即在 RK1808 或 RK3399Pro Linux 开发板上运行 RKNN为 Toolkit Lite 时，模型在 RK3399Pro / RK1808 的自带 NPU 上运行。其中"rk1808"包含了 TB-RK1808 AI 计算棒
	device_id：设备编号，如果 PC 连接多台智能设备，需要指定该参数。设备编号可以通过 list_devices 接口查看。默认值为 None注：MacOS 系统当前版本还不支持多个设备
	async_mode：是否使用异步模式。调用推理接口时，涉及设置输入图片、模型推理、获取推理结果三个阶段。如果开启了异步模式，设置当前帧的输入将与推理上一帧同时进行，所以除第一帧外，之后的每一帧都可以隐藏设置输入的时间，从而提升性能。在异步模式下，每次返回的推理结果都是上一帧的。该参数的默认值为 False
返回值	0：初始化运行时环境成功
	-1：初始化运行时环境失败

运行 RKNN 模型时，用户不需要设置模型预处理参数，也不需要构建 RKNN 模型，其使用流程如图 8-4 所示。

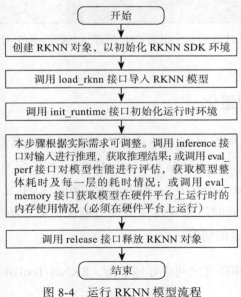

图 8-4　运行 RKNN 模型流程

1. 步骤

执行 python3 rknn_mnist_predict.py 命令运行推理程序。

2. 结果

7.2 节中手写数字识别 CPU 推理时间，推理一帧的时间都在 10ms 以上，而运行 RKNN 推理时间大幅减少，推理一帧的时间在 4ms 以下，如果我们使用的模型更复杂，加速效果会更加明显。实战结果如图 8-5 所示。

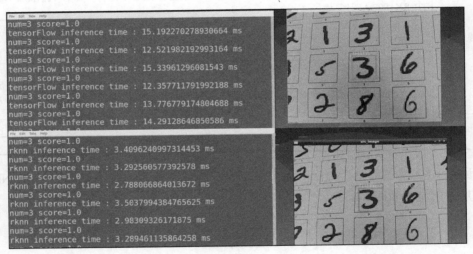

图 8-5   MNIST 手写数字识别 CPU 推理与 RKNN-NPU 推理时间比较

8.3   神经网络模型量化

RK3399Pro 的量化功能是指支持将浮点模型量化为定点模型，目前支持的量化方法有非对称量化（asymmetric_quantized-u8）、动态定点量化（dynamic_fixed_point-8 和 dynamic_fixed_point-16）。RKNN-Toolkit-V1.0.0 之前版本提供的量化功能可以在提高模型性能的同时尽量少地降低模型精度，但是不排除某些特殊模型在量化后出现精度下降较明显的情况。

为了让用户在性能和精度之间更好地平衡，RKNN-Toolkit-V1.0.0 新增混合量化功能，用户可以自己决定哪些层做量化，哪些层不做量化，而且可以根据自己的经验修改量化时的参数。混合量化功能强大但操作麻烦，有需要使用混合量化的读者可以到 Toybrick 官网（https://t.rock-chips.com/portal.php?mod=list&catid=11&product_id=4）下载《RKNN-Toolkit 使用指南》查看混合量化相关内容。这里我们以非混合量化为例，流程与 8.2 节中介绍的神经网络模型部署一致，只需要在 rknn.build() 函数添加 dataset 参数。

```
1. Build Model
2. print('--> Building model')
3. rknn.build(do_quantization=False, dataset='./dataset.txt')
4. print('done')
```

其中，do_quantization 表示是否对模型进行量化，值为 True 或 False。dataset.txt 是量化校正数据的数据集。目前支持文本文件格式，用户可以把用于校正的图片（jpg 或 png 格式）或 npy 文件路径放到一个文本文件中。这个文本文件里每一行为一条路径信息，如：

a.jpg

b.jpg

或

a.npy

b.npy

运行模型转换 RKNN 量化需要在当前文件夹中提供 dataset.txt 且 dataset.txt 内提供用于校准的图片文件。导出的模型即可参照 8.2 节中介绍的神经网络模型推理查看推理效果。

1. 步骤

我们以较复杂的模型目标检测网络 SSD 为例进行量化和不量化的对比。进入 code/8.3- 神经网络模型量化 /ssd_mobilenet_v1 文件夹，在 ssd.py 中添加一个 --do_quantization 参数来确定是否执行量化操作，默认不量化。如需量化，传入参数 --do_quantization=True 即可。

```
1. parser = argparse.ArgumentParser(description='manual to this script')
2. parser.add_argument('--do_quantization', type=str, default='False')
```

执行不量化程序查看效果，运行 python3 ssd.py --do_quantization=False。程序运行结束后会生成一个名为 no_quantization_out.jpg 的文件，同时打印模型运行的时间。

然后执行量化程序查看效果，运行 python3 ssd.py --do_quantization=True。程序运行结束后会生成一个名为 do_quantization_out.jpg 的文件，同时打印模型运行的时间。

2. 结果

SSD 分别进行量化和不量化的性能对比如图 8-6 所示。

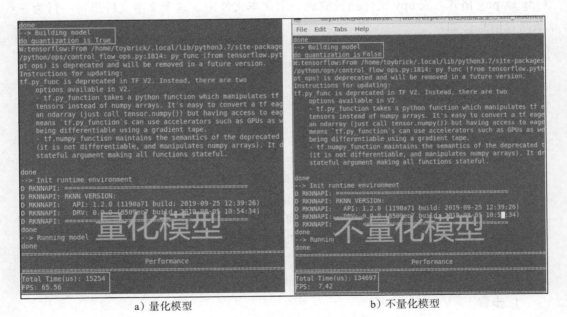

a）量化模型   b）不量化模型

图 8-6　SSD 量化和不量化性能对比

SSD 不量化模型时的推理帧率为 7.42 FPS，量化后帧率可以达到 65.56 FPS。可以看到对于 SSD，量化后的推理速度获得较为明显的提升。一般模型越复杂，性能的提升越明显。

8.4　本章小结

　　本章介绍了如何利用 TB-RK3399Pro 的神经网络运算加速引擎。利用 RK3399Pro 的 NPU 进行神经网络的运算加速，需要在开发中使用平台的 rknn.api 库来调用加速引擎。本章介绍了如何进行神经网络模型的部署、推理和量化。部署就是调用 rknn.api 的模型转换接口将 TensorFlow、PyTorch 等其他框架下的模型文件转换为 NPU 可以加载和计算的 RKNN 模型文件。RKNN 模型进行推理时，可以调用 rknn.api 的推理接口进行计算图的快速计算。RK3399Pro 的量化功能支持将浮点模型量化为定点模型，可以利用校正输入数据对模型进行量化，量化功能可以在提高模型推理速度的同时尽量保证模型精度。

第 **9** 章

基于 TB-RK3399Pro
开发板进行循环神经网络实战

本章将在 TB-RK3399Pro 开发板上进行循环神经网络的实战。循环神经网络因时序特性与语音信号十分契合而在语音识别领域被广泛应用,所以本章选择语音识别项目作为实战内容。

本章包括 TB-RK3399Pro 开发板声音采集、语音识别模型介绍及 TB-RK3399Pro 语音识别实战三部分内容。通过本章的实战,读者可对循环神经网络的实现有简单了解,并进一步熟悉 TB-RK3399Pro 开发板的开发流程。

9.1 TB-RK3399Pro 开发板声音采集

本节将从必备环境安装和声音采集两个步骤介绍 TB-RK3399Pro 开发板的声音采集过程。

9.1.1 必备环境安装

TB-RK3399Pro 开发板的声音采集使用 Alsa-utils 和 Sox 库完成。Alsa-utils 是 Linux 下声音驱动程序 ALSA(Advanced Linux Sound Architecture)的工具包,里面包含声卡测试和音频编辑工具。在 ALSA 官网(https://www.alsa-project.org/main/index.php/Download)上下载源码包后,可在终端中通过以下命令安装:

```
tar zxvf alsa-utils-1.0.6.tar.gz
```

```
cd alsa-utils-1.0.6
./configure
make install
```

Alsa-utils 中的工具有 alsactl、aconnect、alsamixer、amidi、amixer、aplay、aplaymidi、arecord、arecordmidi、aseqnet、iecset 和 speaker-test。在本次实战中，我们只需要使用 arecord 命令。首先在终端中通过命令 arecord -l 查看当前设备下的全部声卡和数字音频设备。得到的结果如图 9-1 所示，TB-RK3399Pro 包括一路麦克风、板载音频输入和一路 8 通道 I2S，并且支持麦克风阵列。

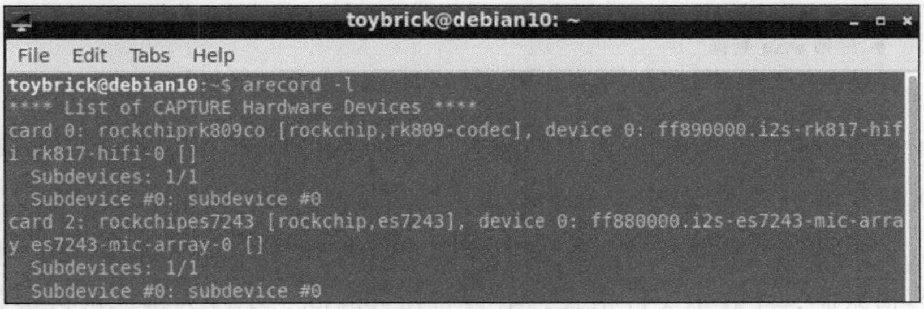

图 9-1　TB-RK3399Pro 音频设备信息

　　Sox 库是一个广泛使用的跨平台声音处理工具，最初于 1991 年提出，经过 30 年的发展其功能已经十分强大且稳定，它允许用户执行大批量的重复过程（如文件格式转换、剪切和拼接、消除静音，以及混响和压缩等更复杂的操作）。与大多数音频处理软件不同，Sox 具有广泛的编解码器支持，并且可以对几乎所有已知格式的音频文件进行读取和格式转换操作。Sox 的安装命令如下：

```
sudo apt-get install sox
```

9.1.2　声音采集

　　安装完 Alsa-utils 和 Sox 库后即可实现 TB-RK3399Pro 开发板的声音采集，声音录制代码如下：

```
1.  def get_wave_data():
2.      # 删除录制的 wav 文件
3.      subprocess.call(['rm', "-f", "record.wav","record_16k.wav"])
```

```
4.      print("====== now begin arecord ... ======")
5.      sys.stdout.flush()
6.
7.      # 使用 arecord 录制外部麦克风的声音
8.      subprocess.call(["arecord", "-D", "FreeMicCapture", "-r", "44100", "-c",
                "2", "-f", "S16_LE", "-d", "1", "record.wav"])
9.      print("====== arecord end! ======\r\n")
10.
11.     # 使用 sox 对 wav 文件进行格式转换
12.     subprocess.call(["sox", "record.wav", "-r", "16000","-c", "1", "record_
            16k.wav","remix","2"])
13.
14.     with open("record_16k.wav", 'rb') as wav_file:
15.         wav_data = wav_file.read()
16.
17.     # 返回 wav 数据
18.     return wav_data
```

arecord 命令完成麦克风的声音录制，其中：-D 表示指定 PCM 设备名称；
FreeMicCapture 表示外部麦克风，如果没有也可以替换成 MainMicCapture，即使用内
置麦克风；-r 用来设置音频频率，实验中采用 44 100 Hz 录制；-c 表示声道数量，实验
中采用双声道录制；-f 表示文件格式；-d 设置持续时间，单位为秒，可自行更改。

为了保证语音识别网络的训练速度，一般使用 16 000 Hz 的音频文件，所以 Sox
将 arecord 录制的双声道 44 100 Hz 的音频文件格式转换为单声道 16 000 Hz 的文件，
用于后续的语音识别网络推理。

9.2　语音识别模型介绍

本实战中的语音识别模型架构基于多篇论文，包括" Listen, Attend and Spell"
" Attention-Based Models for Speech Recognition"和" Joint CTC-Attention based
End-to-End Speech Recognition using Multi-task Learning"等。该模型基于长短时记
忆网络和注意力机制搭建，之后还在此基础上加入了大量改进方案，如 CTC 联合解
码、Subword 词编码器、集束搜索解码，以提高其语音识别性能。本节将从特征提
取、语音识别网络和评价指标三方面进行介绍。

本项目的源码地址为 https://github.com/Alexander-H-Liu/End-to-end-ASR-Pytorch。

9.2.1　特征提取

1. 语音特征提取

（1）语音基础

为了便于大家理解本节内容，下面介绍几条关于语音的基础知识。

1）人通过声带产生振动，在声道产生共振，形成语音。

2）语音的物理基础主要有音高、音强、音长、音色，它们是构成语音的四要素。

3）音素（Phone）是根据语音的自然属性划分出来的最小语音单位，依据音节里的发音动作来分析，一个动作构成一个音素。

4）语音信号是一种非平稳的随机信号，所以要对语音进行分片。分片的时间为 5 ～ 30ms，在这个分片时间内，可以认为语音是平稳随机过程，这样就可以套用经典的信号处理方法。

5）声道的形状在语音短时功率谱的包络中显示。MFCC（Mel Frequency Cepstral Coefficient，梅尔频率倒谱系数）是一种准确描述这个包络的特征，在自动语音和说话人识别中被广泛使用。

（2）声谱图

音频本身是一段时间内的一维连续信号，不属于二维空间问题。但可以将传入的音频样本分成小段（每段的时长仅为几毫秒）并计算一组频段内频率的强度。一段音频内的每组频率强度被视为数字向量，这些向量按时间顺序排列，形成一个二维数组。然后，该数组可被视为单通道图像，称为声谱图（见图 9-2）。

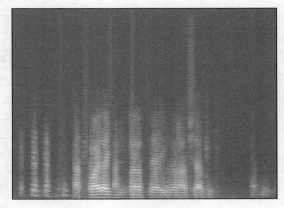

（3）Fbank 特征

人耳对不同频率范围的敏感程度是不一样的，而声谱图的形式则相当于同等对待每个频段的信号，这显然是有缺陷的。而 Fbank 特征是以类似于人耳的

图 9-2　声谱图

处理方式对音频进行处理，进而提高后端语音任务的表现。Fbank 的计算流程与声谱图类似，唯一的区别在于加了个 Mel 滤波器组。Mel 滤波器组是一组非线性分布的滤波器，它在低频部分分布密集，在高频部分分布稀疏，这样的分布是为了更好地满足人耳听觉特性，如图 9-3 所示。

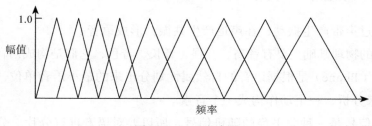

图 9-3　Mel 滤波器

（4）MFCC 特征

MFCC 特征是在 Fbank 特征的基础上再加上一步离散余弦变换（Discrete Cosine Transform, DCT）。Fbank 特征虽然已经非常符合人耳的感知特性，但是仍存在一些不足。由于 Mel 滤波器组中相邻的滤波器之间是有重叠的，所以相邻 Fbank 特征之间是高度相关的。而 MFCC 通过 DCT 去除各维信号之间的相关性，将信号映射到低维空间。MFCC 特征的提取过程如图 9-4 所示。

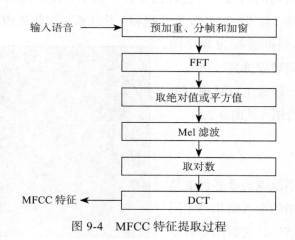

图 9-4　MFCC 特征提取过程

Fbank 特征和 MFCC 特征在语音任务中均有所应用，两者各有优劣。Fbank 特征的相关性较强，特征维度更高，冗余信息也多；而 MFCC 特征虽然具有更好的辨识能力，但毕竟是从 Fbank 特征提取而来的，包含的信息更少。

2. 文本特征提取

语音识别任务的目标是得到识别的文本，但是神经网络肯定无法直接输出文本内容，所以类似于第 3 章中提到的词嵌入，需要对文本目标进行编码，只不过这里要编码的是整个句子。

对句子的编码大致可以分为三类：词级（Word-level）、字符级（Character-level）和子词级（Subword-level）。

词级的编码器与词嵌入方法一样，就是直接对每个单词进行编码。但是毕竟词典中的单词是有限的，当需要对未知单词进行编码时，就会出 OOV（Out Of Vocabulary，不在词典内）问题。一种常见的做法是使用新的单词继续扩充词典，但是这样就会导致词典过于稀疏，即其中某些单词的出现概率较低，同时每个单词的 Embedding 又过长，不利于后续计算。

字符级的编码器为了解决 OOV 问题，以字符为单位对句子进行编码，主要想法是直接对 26 个英文字母以及若干个符号进行编码，以它们的组合表示所有英文单词。但这种做法显然也会导致特征表示过长，数据过于稀疏，而不利于神经网络挖掘特征间的远程依赖。

词级的编码器不能解决 OOV 问题，字符级的编码器又过于稀疏，子词级的编码器介于它们之间，将单词分为更小的单位——子词。例如，对于训练集词汇“old older oldest smart smarter smartest”，词级的编码器会将它们分成“old older oldest smart smarter smartest”，而子词级的编码器则会将它们分成“old smart er est”，字典长度明显更短，同时通过子词之间的组合也能解决大部分 OOV 问题。不像单词和字符有着明显的划分，子词显然可以有多种划分方式，例如图 9-5 中对“Hello world”的划分。

子词（_ 代表空格）	词典 ID 序列
_Hell/o/_world	13586 137 255
_H/ello/_world	320 7363 255
_He/llo/_world	579 10115 255
_/He/l/l/o/_world	7 18085 356 356 137 255
_H/el/l/o/_/world	320 585 356 137 7 12295

图 9-5　“Hello world”的不同子词编码 [28]

目前主流的子词编码算法有三类：字节对编码（Byte Pair Encoding, BPE）、词条（Wordpiece）和一元语言模型（Unigram Language Model, ULM）。BPE 最初是用于数据压缩的算法，由 Sennrich 等人于 2015 年引入自然语言处理领域并很快得到推广，在 GPT-2 和 RoBERTa 中都有所使用。词条是 Google 提出的算法，它和 BPE 不同的地方在于分词合并时的标准，BPE 以出现频率作为判决指标，而词条则以语言模型概率的提升值作为指标。后续的 BERT 模型便使用了词条分词器。ULM 也用语言模型作为分词判断的基准，但不同于前两者的词表变化是逐渐增加的，ULM 从大词表中逐步删除低价值的分词。

Google 的子词开源工具包 SentencePiece 集成了大部分的子词级分词算法，也包括词级和字符级的分词。本项目中预训练完成的分词模型也是使用 SentencePiece 库完成的，具体代码可以参考 https://github.com/google/sentencepiece。

9.2.2 语音识别网络

本实战使用的语音识别网络是 Seq2Seq 序列模型，直接实现端到端的语音识别过程。其中包括编码器、中间层和解码器 3 个部分，如图 9-6 所示。

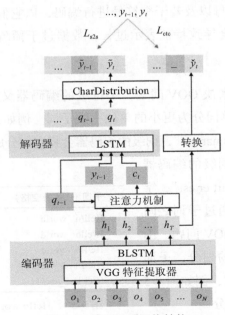

图 9-6　语音识别网络结构

　　编码器包括一个 VGG 特征提取器和双向的 LSTM 层。VGG 网络是经典的卷积神经网络，最初用于图像识别问题，之后被广泛应用于特征提取。经过编码器后输入特征被压缩成隐藏向量，中间层使用注意力机制对不同隐藏向量再分配，最后经过若干层 LSTM 解码得到输出文本的概率分布。可以注意到解码中用到了标签 y，这是教师强制（Teacher Forcing）的训练方式，如果不提供正确标签的指导，网络早期收敛将很慢。在训练后期网络预测准确率提高时，将慢慢减少教师强制的权重。

　　语音识别网络除了使用注意力机制和 LSTM 解码出的结果计算损失函数外，还增加了一路 CTC（Connectionist Temporal Classification，连接时序分类）损失函数计算。CTC 损失函数是端到端语音识别任务中常用的损失函数。在语音识别任务中，由于人的语速的不同，或者字符间距离的不同，音频和文本的对齐十分困难。传统的损失函数考虑的是每帧之间的差异最小化，但是当音频和文本未对齐时，基于传统损失函数的神经网络就较难收敛。

　　CTC 损失函数则是基于序列的损失函数，可以避开将输入与输出对齐的步骤。对于给定的输入序列 X，CTC 会给出所有可能的输出 Y 的概率分布。在 CTC 中，每个输入都可以得到一个输出结果，例如对于输入为"cat"的音频，CTC 可能得到如图 9-7 所示的结果。

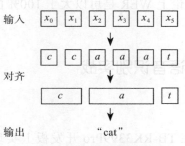

图 9-7　CTC 原始对齐策略

　　但是这种原始对齐策略有两个问题：首先，不是每个输入片段都有对应的输出字符，例如语音识别中说话的停顿；其次，对于文本中重复的字母，这种策略会造成输出错误，例如将"hello"识别成"helo"。所以 CTC 引入了 Blank 标记，例如对于输入为"hello"的音频，CTC 可能得到图 9-8 所示的结果。

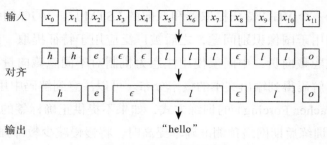

图 9-8　CTC 对齐策略

LSTM、GRU、BiLSTM 等循环神经网络都可以与 CTC 损失函数直接结合，实现端到端的语音识别模型。

9.2.3　评价指标

语音识别的评价指标一般包括词错误率（Word Error Rate，WER）、字符错误率（Character Error Rate，CER）和句错误率（Sentence Error Rate，SER）。三者的计算方式类似，下面以词错误率为例：

$$\text{WER} = 100\% \times \frac{\text{错词} + \text{漏词} + \text{多词}}{\text{正确句子中的词数}} \tag{9-1}$$

因为有插入词，所以理论上 WER 是可以大于 100% 的。

9.3　TB-RK3399Pro 语音识别实战

9.3.1　实战目的

本实战主要展示如何在 TB-RK3399Pro 开发板上实现基本的语音识别网络，模型将会根据输入音频得到对应的识别文本。

9.3.2　实战数据

本实战采用 LibriSpeech 语音数据集。LibriSpeech 语音数据集是一个大约 1000 小时的 16 kHz 英语朗读语音语料库，由 Vassil Panayotov 在 Daniel Povey 的协助下

编写。数据来自 LibriVox 项目的已读有声读物，并经过仔细分割和对齐。其中包括
train-clean-100、train-clean-360 和 train-other-500 三个训练集，本实战中只使用时长
最短的 train-clean-100（100 小时训练集）。

数据集下载地址为 http://www.openslr.org/12/。

9.3.3　实战环境

（1）硬件环境

- ❏ TB-RK3399Pro
- ❏ 显示屏
- ❏ 键盘
- ❏ 鼠标
- ❏ 四段式耳机

（2）软件环境

- ❏ Python 3.6
- ❏ PyTorch 1.10.0
- ❏ sox 1.4.1
- ❏ torchaudio 0.9.0
- ❏ SentencePiece 0.1.96

9.3.4　实战步骤

本实战项目的目录结构如下。

```
.
| -- README.md              说明文件
| -- ASR                    模型文件夹
|    | -- main.py           模型训练主代码
| -- librispeech            数据集
|    | -- train-clean-100   训练数据集
|    | -- dev-clean         验证数据集
|    | -- test-clean        测试数据集
| -- inference.py           推理代码
```

```
| -- model_conversion.py          pt 模型转 RKNN 模型
| -- pth2pt.py                    pth 模型转 pt 模型
| -- test.wav                     测试文件
```

1. 执行训练文件，完成模型训练

语音特征选取了 Fbank 特征，其中帧长为 25ms，帧移为 10ms，并且在后续加入了二阶差分和倒谱均值方差归一化来进一步提升模型的鲁棒性。本实战使用子词级文本编码器，由 Git 项目给出，如果需要其他形式的文本编码器，可以自行训练。网络的损失函数使用 Attention_loss 和 Ctc_loss 联合。由于语音识别模型完全收敛较慢，可以提早停止模型的训练，直接执行后续步骤。特征提取代码如下：

```
1.  def create_transform(audio_config):
2.      feat_type = audio_config.pop(«feat_type»)
3.      feat_dim = audio_config.pop(«feat_dim»)
4.
5.      delta_order = audio_config.pop(«delta_order», 0)
6.      delta_window_size = audio_config.pop(«delta_window_size», 2)
7.      apply_cmvn = audio_config.pop(«apply_cmvn»)
8.
9.      # Fbank 特征
10.     transforms = [ExtractAudioFeature(feat_type, feat_dim, **audio_config)]
11.
12.     # 二阶差分
13.     if delta_order >= 1:
14.         transforms.append(Delta(delta_order, delta_window_size))
15.
16.     # 倒谱均值归一化
17.     if apply_cmvn:
18.         transforms.append(CMVN())
19.
20.     transforms.append(Postprocess())
21.
22.     return nn.Sequential(*transforms), feat_dim * (delta_order + 1)
```

2. pth 模型转 pt 模型

由于项目代码保存的是 pth 模型，其中只有模型的参数信息，并不包括模型的结构信息，rknn-toolkit 不支持直接由 pth 模型转为 rknn 模型，所以要先转换为 pt 模型。需要注意的是，如果是多输入多输出模型，torch.jit.trace 要求输入输出均是 tensor 元组，所以需要将模型文件中输出类型替换为 tensor 元组。代码如下：

```
1.  import torch
```

```
2.   import numpy as np
3.   import yaml
4.
5.   from ASR.src.text import load_text_encoder
6.   from ASR.src.asr import ASR
7.
8.   if __name__ == '__main__':
9.       pt_path = './ASR/asr.pt'
10.      vocab_size = 16000
11.      feat_dim = 120
12.      config = yaml.load(open('config/libri/train_example.yaml', 'r'), Loader=
             yaml.FullLoader)
13.      init_adadelta = config['hparas']['optimizer'] == 'Adadelta'
14.
15.      model = ASR(feat_dim, vocab_size, init_adadelta, **config['model'])
16.      tokenizer = load_text_encoder(**config['data']['text'])
17.      ckpt = torch.load('./ASR/best_ctc.pth', map_location='cpu')
18.      model.load_state_dict(ckpt['model'])
19.
20.      inp = torch.Tensor(1, 398, 120, 1)
21.      trace_model = torch.jit.trace(model, inp)
22.      trace_model.save(pt_path)
```

3. pt 模型转 rknn 模型

代码如下:

```
1.   import torch
2.   import torch.jit
3.   from rknn.api import RKNN
4.
5.   if __name__ == '__main__':
6.       # 模型路径
7.       pt_path = './ASR/asr.pt'
8.       rknn_path = './asr.rknn'
9.
10.      # 模型准备
11.      rknn = RKNN()
12.
13.      # 设置模型的预处理参数
14.      rknn.config(batch_size=1)
15.
16.      # 加载 PyTorch 模型
17.      ret = rknn.load_pytorch(model=pt_path, input_size_list=[[1, 398, 120]])
18.      if ret != 0:
19.          print('Load Pytorch model failed!')
20.          exit(ret)
21.
```

```
22.      # 建立 rknn 量化模型
23.      ret = rknn.build(do_quantization=False)
24.      if ret != 0:
25.          print('Build model failed!')
26.          exit(ret)
27.
28.      # 导出 rknn 模型
29.      ret = rknn.export_rknn(rknn_path)
30.      if ret != 0:
31.          print('Export resnet18.rknn failed!')
32.          exit(ret)
33.
34.      rknn.release()
```

4. rknn 模型的推理

代码如下。在解码时，由于 Rockchip NN 芯片未完全实现注意力机制，所以只使用了 CTC 解码的方式。

```
1.  import yaml
2.  from rknn.api import RKNN
3.
4.  from ASR.src.text import load_text_encoder
5.  from ASR.src.audio import create_transform
6.
7.  if __name__ == '__main__':
8.      config = yaml.load(open('./ASR/config/libri/asr_example.yaml', 'r'), Loader=
            yaml.FullLoader)
9.      filepath = './test.wav'
10.
11.     # 特征提取
12.     audio_transform, feat_dim = create_transform(config['data']['audio'].copy())
13.     feat = audio_transform(filepath).unsqueeze(0)
14.
15.     # 文本编码器准备
16.     tokenizer = load_text_encoder(**config['data']['text'])
17.
18.     # 模型准备
19.     rknn = RKNN()
20.     # 加载 PyTorch 模型
21.     ret = rknn.load_rknn(path='./asr.rknn')
22.     ret = rknn.init_runtime(perf_debug=False)
23.     if ret != 0:
24.         print('Init runtime environment failed')
25.         exit(ret)
26.
27.     ctc_output = rknn.inference(inputs=[feat], data_type='float32')
```

```
28.      # 释放 RKNN 上下文
29.      rknn.release()
30.
31.      # 推理
32.      ctc_out = tokenizer.decode(ctc_output[0].argmax(dim=-1).tolist())
33.      print('ctc_out: ', ctc_out)
```

9.3.5　实战结果

首先给出语音识别网络的训练结果，如图 9-9 所示，其中纵坐标表示词错误率，横坐标表示训练的步数。在训练 41 万步后，训练集注意力机制解码的 WER 达到 11.68%，而 CTC 解码的 WER 达到 4.517%；验证集注意力机制解码的 WER 达到 35.5%，CTC 解码的 WER 达到了 30.45%。显然 CTC 解码的识别准确率更高。

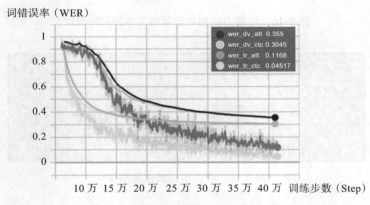

图 9-9　语音识别网络训练 WER 曲线

图 9-10 给出了端到端语音识别网络中注意力机制对音频和文本的对齐程度。其中横坐标表示音频特征向量，纵坐标表示文本特征向量，图中的标记表示此处横纵坐标对应的特征之间，注意力机制相关系数较高。可以看到虽然训练还未收敛，但注意力机制大致是对角线的形状，符合音频特征和文本特征在时间维度上的对应，说明注意力机制已经可以较好地学习到音频和文本的对应关系。

而测试集的表现则如图 9-11 所示，其中 WER 达到 35.5858%，CER 达到 21.5889%。

最后运行 inference.py 文件对单条输入音频进行测试。例如对于真实标签为" BUT IN LESS THAN FIVE MINUTES THE STAIRCASE GROANED BENEATH AN

EXTRAORDINARY WEIGHT"的输入音频，可以得到图 9-12 所示的输出。

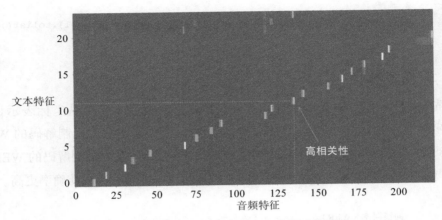

图 9-10　注意力机制对音频和文本的对齐程度

```
| Statics          | Truth      | Prediction   | Abs. Diff.  |

| Avg. # of chars  | 106.72     | 102.23       | 6.64        |
| Avg. # of words  | 20.13      | 20.01        | 1.20        |

| Error Rate (%)| Mean      | Std.        | Min./Max.    |

| Character     | 21.5889   | 14.01       | 0.00/211.11  |
| Word          | 35.5858   | 21.17       | 0.00/201.85  |
```

图 9-11　语音识别测试集结果

```
=============== Result of test.wav ===============
etc_out: BUT BUT A LESSONEN FIVE MINUTES THE THE STAIRCASE GROWN BENEATH AN EXTRAORDINARY WEIGHT
```

图 9-12　测试音频语音识别结果

9.4　本章小结

　　本章介绍了如何在 TB-RK3399Pro 开发板上进行循环神经网络的实战，并以语音识别任务作为本章的具体案例。首先介绍了 TB-RK3399Pro 开发板的声音采集过程，分别包括必备环境的安装和声音采集的流程。接着以一个经典的语音识别开源项目为例，介绍了语音识别模型的搭建过程。最终在 TB-RK3399Pro 开发板上实现了一个基本的语音识别框架，并使用 NPU 加速完成了语音识别的测试。

第 **10** 章

基于 Rock-X API 的深度学习案例

本章将介绍使用 Rock-X API 这一快捷 AI 组件库来进行深度学习案例开发的流程，开发者仅需调用几条 API 即可在嵌入式产品中离线使用这些功能，而无须关心 AI 模型的部署细节，极大加速了产品的原型验证和开发部署。

10.1 Rock-X SDK 介绍

Rock-X SDK 是基于 RK3399Pro 和 RK1808 的一组快捷 AI 组件库，初始版本包括人脸检测、人脸识别、活体检测、人脸属性分析、人脸关键点检测、人头检测、人体骨骼关键点检测、手指关键点检测、人车物检测等功能 [22,23]。

Rock-X SDK 当前支持 Python 和 C 编程语言，支持运行于 RK3399Pro Android/Linux 平台、RK1808 Linux 平台及 PC Linux/macOS/Windows（需要连接 RK1808 计算棒）上。

当前 SDK 提供的功能如表 10-1 所示。

表 10-1　Rock-X SDK 主要功能

类别	功能
目标检测	人头检测、人车物检测
人脸	人脸关键点检测、人脸属性分析、人脸识别
车牌	车牌检测、车牌对齐、车牌识别
人体关键点	人体骨骼关键点检测、手指关键点检测

10.2　Rock-X 环境部署

安装步骤如下。

1）安装中文字库，用于后续显示中文车牌字符。

```
sudo apt-get install -y fonts-noto-cjk
```

2）安装 Rock-X Python SDK。

```
pip3 install --user rockx==1.1.2
```

3）测试（需要插入 USB 摄像头）。

```
python3 -m rockx.test.camera.rockx_object_detection
```

执行程序进行目标检测的测试结果如图 10-1 所示。

图 10-1　目标检测的测试结果

10.3　目标检测

目标检测主要解决以下两个问题。

❏ 定位（Localization）：检测器需要给出物体在图像中的位置（Bounding Box）。
❏ 分类（Classification）：检测器需要给出物体的类别（Label）。

目标检测算法可以分为二阶段的基于区域的算法和一阶段的基于回归的算法两类。

（1）基于区域的目标检测算法

基于区域的目标检测算法主要有 R-CNN[31]、Fast R-CNN[32]、Faster R-CNN[33] 和 Mask R-CNN[34] 等。

整个检测过程分为两个阶段：第一阶段，检测器需要找到一些感兴趣区域（Region Of Interest, ROI）；第二阶段，检测器需要在这些感兴趣区域上进行分类和位置回归。Faster R-CNN 目标检测网络结构如图 10-2 所示。

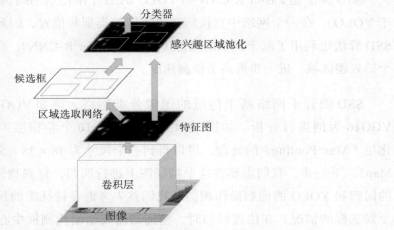

图 10-2　Faster R-CNN 目标检测网络结构

（2）基于回归的目标检测算法

基于回归的目标检测算法有 YOLO、SSD 等。

YOLO 采用端到端（End-to-End）的检测过程，直接回归出物体的类别和位置，其网络结构如图 10-3 所示。

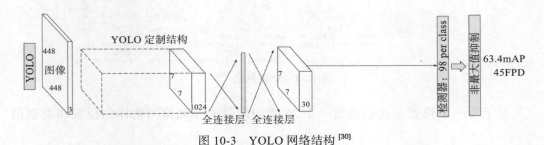

图 10-3　YOLO 网络结构 [30]

SSD 的英文全名是 Single Shot MultiBox Detector[30]，其中 Single Shot 指明了 SSD 算法属于一阶段（One-Stage）算法，MultiBox 指明了 SSD 是多框预测。SSD 算法相比其他算法有两个重要的改变：一是 SSD 提取了不同尺度的特征图来做检测，大尺度特征图（较靠前的特征图）可以用来检测小物体，而小尺度特征图（较靠后的特征图）用来检测大物体；二是 SSD 采用了不同尺度、不同长宽比的先验框（Prior Box，也称候选框，在 Faster R-CNN 中叫作锚）。

SSD 算法是 Faster R-CNN 和 YOLO 的结合体），采用了基于回归的模式（类似于 YOLO），在一个网络中直接回归出物体的类别和位置，因此检测速度很快。同时 SSD 算法也利用了基于区域的概念（类似于 Faster R-CNN），在检测过程中使用了多个感兴趣区域，进一步提高了检测速度。

SSD 的骨干网络基于传统的图像分类网络，例如 VGG、ResNet 等。我们以 VGG16 为例进行分析。如图 10-4 所示，经过 10 个卷积层（Con. layer）和 3 个池化层（Max Pooling）的处理，可以得到一个尺寸为 $38 \times 38 \times 512$ 的特征图（Feature Map）。下一步，我们需要在这个特征图上进行回归，得到物体的位置和类别。SSD 的回归和 YOLO 的回归操作相似。我们首先考虑在特征图的每个位置上有且只有一个候选框的情况。在位置回归时，检测器需要给出检测框中心相对于图片尺寸的宽度和高度 (w, h) 的偏移量 (c_x, c_y)。

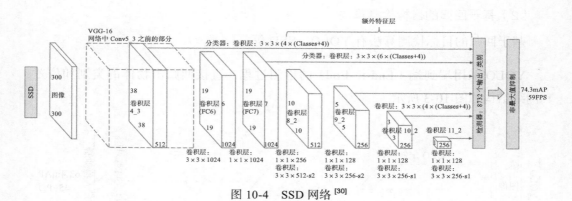

图 10-4　SSD 网络 [30]

对于每一个位置，我们需要一个 25 维的向量来存储检测物体的位置和类别信息。对于 38 × 38 的特征图，我们需要一个维度为 38 × 38 × 25 的空间来存储这些信息。因此，检测器需要学习特征图（38 × 38 × 512）到检测结果（38 × 38 × 25）的映射关系。这一步转换使用的是卷积操作：使用 25 个 3 × 3 的卷积核对特征图进行卷积。到这里，我们已经完成在每个位置上回归一个框的操作。

SSD 算法采用多个候选框，希望在每个位置上回归 k 个不同尺寸的框。因此在每个位置上需要 25 × k 维的空间，存储这些框的回归和类别信息，因而卷积操作变成使用 25 × k 个 3 × 3 的卷积核，来获得 38 × 38 × 25k 维度的检测结果图（Score Map）。SSD 算法中有多个特征图。对于神经网络，浅层的特征图包含了更多的细节信息，更适合进行小物体的检测；而较深的特征图包含了更多的全局信息，更适合大物体的检测。因此，通过在不同的特征图上对不同尺寸的候选框进行回归，可以获得对不同尺寸的物体更好的检测结果。

Rock-X SDK 中的目标检测案例基于 MSCOCO_VAL2017[29] 目标检测公开数据集，共 91 个类别。Rock-X SDK 目标检测使用的是 SSD 算法。目标检测案例参考如下。

（1）目的

了解并掌握使用 Rock-X Python SDK 进行目标检测。

（2）环境

硬件环境：TB-RK3399Pro 一台，显示屏、键盘、鼠标和 USB 摄像头各一个。

软件环境：Python 3.7 和 TensorFlow 1.14.0。

（3）步骤

运行命令 python3 rockx_object_detection.py（按 q 键退出运行）。

（4）结果

结果如图 10-5 所示。

图 10-5　目标检测程序结果

（5）主要代码

```
1.  if __name__ == '__main__':
2.  # 参数解析
3.  parser = argparse.ArgumentParser(description="RockX Object Detection Demo")
        parser.add_argument('-c', '--camera', help="camera index", type=int,
4.  default=0)
5.  parser.add_argument('-d', '--device', help="target device id", type=str)
        args = parser.parse_args()
6.  # 创建RockX目标检测句柄
7.  object_det_handle = RockX(RockX.ROCKX_MODULE_OBJECT_DETECTION, target_device=
        args.device)
8.  # 从摄像头获取1280像素×720像素的图像数据
9.  cap = cv2.VideoCapture(args.camera) cap.set(3, 1280)
10. cap.set(4, 720) last_face_feature = None
11. while True:
12. # 按帧读取图像
13. ret, frame = cap.read()
14. in_img_h, in_img_w = frame.shape[:2]
15. # 使用RockX进行目标识别
16. ret, results = object_det_handle.rockx_face_detect(frame, in_img_w, in_
        img_h, RockX.ROCKX_PIXEL_FORMAT_BGR888)
17. for result in results:
18. # 在图像上绘制识别框
        cv2.rectangle(frame,
19. (result.box.left, result.box.top), (result.box.right, result.box.bottom),
        (0, 255, 0), 2)
20. # 在图像上绘制类别信息
21. cv2.putText(frame, "%s" % RockX.ROCKX_OBJECT_DETECTION_LABELS_91[result.
        cls_idx],
```

```
22.(result.box.left, result.box.top - 10), cv2.FONT_HERSHEY_SIMPLEX, 1, (0,
     255, 0))
23.
24.# 显示结果图像
25.cv2.imshow('RockX Object Detection - ' + str(args.device), frame)
26.# 按下 q 键退出
27.if cv2.waitKey(1) & 0xFF == ord('q'):
28.break
29.# 释放资源
      cap.release()
30.cv2.destroyAllWindows()
31.object_det_handle.release()
```

10.4 车牌识别

Rock-X Python SDK 使用国内车牌数据集（Chinese City Parking Dataset，不包含港澳台地区车牌数据）[35] 进行训练，支持识别国内蓝色、绿色和黄色车牌。可识别的车牌字符如表 10-2 所示。

表 10-2 Rock-X Python SDK 可识别车牌字符

字符类别	可识别字符
省份中文字符	京 沪 津 渝 冀 晋 蒙 辽 吉 黑 苏 浙 皖 闽 赣 鲁 豫 鄂 湘 粤 桂 琼 川 贵 云 藏 陕 甘 青 宁 新
数字和字母	0 1 2 3 4 5 6 7 8 9 A B C D E F G H J K L M N P Q R S T U V W X Y Z
车牌用途中文字符	港 学 使 警 澳 挂 军 北 南 广 沈 兰 成 济 海 民 航 空

1. 主要步骤

Rock-X Python SDK 车牌识别主要可以分为 3 个步骤：车牌检测、车牌矫正和车牌识别。

（1）车牌检测

基于 SSD 算法将车牌当作一个单独的类别进行训练，可以从复杂背景中提取出车牌，如图 10-6 所示。

（2）车牌矫正

第一步我们获取到了车牌，但还不能直接送去识别，因为车牌可能存在偏转角度。我们需要对车牌进行对齐操作，才能进行下一步的识别。

图 10-6　车牌检测示例

使用 O-Net 得到车牌 4 个角的坐标点，再使用 OpenCV 进行仿射变化，使之对齐。经过矫正后的车牌如图 10-7 所示。

图 10-7　矫正后的车牌示例

（3）车牌识别

车牌识别使用开源项目 hyperlpr（https://gitee.com/zeusees/HyperLPR）实现。

2. 过程

下面是具体的过程。

（1）目的

了解并掌握使用 Rock-X Python SDK 完成车牌检测、车牌矫正和车牌识别。

（2）环境

硬件环境：TB-RK3399Pro 一台，显示屏、键盘、鼠标、USB 摄像头各一个。

软件环境：Python 3.7 和 TensorFlow 1.14.0。

（3）步骤

运行命令 python3 rockx_carplate.py（按 q 键退出运行）。

（4）结果

对于待检测图像（见图 10-7）中的车牌，识别后输出"R9888"。

（5）主要代码

```
1.  if __name__ == '__main__':
2.  # 参数解析
3.  parser = argparse.ArgumentParser(description="RockX Carplate Demo") parser.add_
        argument('-c', '--camera', help="camera index", type=int,default=0)
4.  parser.add_argument('-d', '--device', help="target device id", type=str)
        args = parser.parse_args()
5.  # 创建车牌检测句柄
6.  carplate_det_handle = RockX(RockX.ROCKX_MODULE_CARPLATE_DETECTION, target_device=
        args.device)
7.  # 创建车牌对齐句柄
8.  carplate_align_handle = RockX(RockX.ROCKX_MODULE_CARPLATE_ALIGN, target_
        device=args.device)
9.  # 创建车牌识别句柄
10. carplate_recog_handle = RockX(RockX.ROCKX_MODULE_CARPLATE_RECOG, target_
        device=args.device)
11. # 从 camera 获取图像，设置图像大小为 1280x720
    cap = cv2.VideoCapture(args.camera) cap.set(3, 1280)
12. cap.set(4, 720) last_face_feature = None
13. while True:
14. # 按帧读取图像
15. ret, frame = cap.read()
16. show_frame = frame.copy()
17. # 运行车牌检测，结果保存到 results
    in_img_h, in_img_w = frame.shape[:2]
18. start = time.time()
19. ret, results = carplate_det_handle.rockx_carplate_detect(frame, in_img_w,
        in_img_h, RockX.ROCKX_PIXEL_FORMAT_BGR888)
20. end = time.time()
21. print('carplate detect use: ', end - start)
22.
```

```
23. # 遍历所有检测到的车牌，支持多个车牌识别
    index = 0
24. for result in results: cv2.rectangle(show_frame,
25. (result.box.left, result.box.top), (result.box.right, result.box.bottom),
       (0, 255, 0), 2)
26.
27. # 将检测到的车牌进行对齐处理
    ret, align_result =
28. carplate_align_handle.rockx_carplate_align(frame, in_img_w, in_img_h, RockX.
       ROCKX_PIXEL_FORMAT_RGB888,  result.box)
29. # 如果对齐成功，则进行车牌识别
30. if align_result is not None: ret, recog_result =
31. carplate_recog_handle.rockx_carplate_recognize(align_result.aligned_image)
32. # 如果正确识别到车牌，则显示车牌号
    if recog_result is not None:
33. show_frame = draw_cn_char(show_frame, recog_result, (160 + 10, (40*index)),
       (255, 0, 0))
34. cv2.putText(frame, str, (160 + 10, (10+40*index+20)), cv2.FONT_HERSHEY_
       SIMPLEX, 0.5, (0, 0, 255))
35. show_frame[(10+40*index):(10+40*index+40), 10:(160+10)] =
    align_result.aligned_image
36. index += 1
37. cv2.imshow('RockX Carplate - ' + str(args.device), show_frame)
38. # 按下 q 键退出
39. if cv2.waitKey(1) & 0xFF == ord('q'):
40. break
41. # 释放资源
    cap.release()
42. cv2.destroyAllWindows()
43. carplate_recog_handle.release() carplate_align_handle.release() carplate_det_
       handle.release()
```

10.5 人体关键点检测

OpenPose 人体姿态识别项目是美国卡耐基梅隆大学（CMU）基于卷积神经网络和监督学习并以 Caffe 为框架开发的开源库，可以实现人体动作、面部表情、手指运动等姿态估计，适用于单人和多人，具有极好的鲁棒性。其 GitHub 项目地址为 https://github.com/CMU-Perceptual-Computing-Lab/openpose。Rock-X Python SDK 主要使用 OpenPose 实现关键点检测，检测的关键点如图 10-8 所示。

（1）目的

了解并掌握使用 Rock-X Python SDK 进行身体关键点检测。

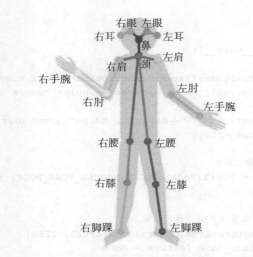

图 10-8　Rock-X Python SDK 检测的人体关键点

（2）环境

硬件环境：TB-RK3399Pro 一台，显示屏、键盘、鼠标、USB 摄像头各一个。

软件环境：Python 3.7 和 TensorFlow 1.14.0。

（3）步骤

运行命令 python3 rockx_pose.py（按 q 键退出运行）。

（4）结果

Rock-X Python SDK 根据输入图像，检测到图中人体关键点，如图 10-9 所示。

图 10-9　人体关键点检测结果示例

（5）主要代码

```
1.  if __name__ == '__main__':
2.  # 参数解析
3.  parser = argparse.ArgumentParser(description="RockX Pose Demo")
        parser.add_argument('-c', '--camera', help="camera index", type=int,
4.      default=0)
5.  parser.add_argument('-d', '--device', help="target device id", type=str)
    args = parser.parse_args()
6.
7.  # 创建 RockX 身体关键点句柄
8.  pose_body_handle = RockX(RockX.ROCKX_MODULE_POSE_BODY, target_device=args.
        device)
9.
10. # 从摄像头获取 1280 像素 × 720 像素的图像
11. cap = cv2.VideoCapture(args.camera) cap.set(3, 1280)
12. cap.set(4, 720) last_face_feature = None
13.
14. while True:
15. # 按帧读取图像
16. ret, frame = cap.read()
17.
18. in_img_h, in_img_w = frame.shape[:2]
19.
20. start = time.time()
21. # 使用 RockX 进行身体关键点识别
22. ret, results = pose_body_handle.rockx_pose_body(frame, in_img_w, in_img_h,
        RockX.ROCKX_PIXEL_FORMAT_BGR888)
23. end = time.time()
24. print('pose body use: ', end - start)
25. index = 0
26. # 在图像上绘制身体关键点
    for result in results:
27.     for p in result.points:
28.         cv2.circle(frame, (p.x, p.y), 3, (0, 255, 0), 3)
29. for pairs in RockX.ROCKX_POSE_BODY_KEYPOINTS_PAIRS: pt1 = result.
        points[pairs[0]]
30. pt2 = result.points[pairs[1]]
31. if pt1.x <= 0 or pt1.y <= 0 or pt2.x <= 0 or pt2.y <= 0: continue
32. cv2.line(frame, (pt1.x, pt1.y), (pt2.x, pt2.y), (255, 0, 0), 2)
33. index += 1
34. # 显示结果图像
35. cv2.imshow('RockX Pose - ' + str(args.device), frame)
36. # 按下 q 键退出
37. if cv2.waitKey(1) & 0xFF == ord('q'):
38. break
39.
40. # 释放资源
    cap.release()
```

```
41. cv2.destroyAllWindows()
42.
43. pose_body_handle.release()
```

10.6　人脸关键点检测

1. 拆分

Rock-X Python SDK 可以做人脸关键点检测。本项目可以拆分成以下 4 个主要部分。

（1）人脸检测

将人脸当作 SSD 网络中的一个类别进行训练，即可从背景图中获取人脸的位置信息，得到人脸框。

（2）人脸对齐

参考车牌识别对齐的方法，使用 O-Net 网络进行对齐，得到 5 个人脸关键点（左眼、右眼、鼻子、两侧嘴角位置），再使用 OpenCV 对关键点进行仿射变化，得到对齐后的人脸图像。

（3）人脸关键点检测

2013 年，Face++ 在 DCNN 模型上进行改进，提出从粗粒度到细粒度的人脸关键点检测算法，实现了 68 个人脸关键点的高精度定位。该算法将人脸关键点分为内部关键点和轮廓关键点，其中内部关键点包含眉毛、眼睛、鼻子、嘴巴共计 51 个关键点，轮廓关键点包含 17 个关键点。

针对内部关键点和轮廓关键点，该算法采用两个并行的级联 CNN 进行关键点检测。

针对内部 51 个关键点，采用 4 个层级的级联网络进行检测。其中，第一层的主要作用是获得面部器官的边界框；第二层的输出是 51 个关键点预测位置，这里起到粗定位的作用，目的是为第三层进行初始化；第三层会依据不同器官进行从粗粒度到细粒度的定位；第四层的输入是将第三层的输出进行一定的旋转，最终将 51 个关键点的位置输出。

针对 17 个轮廓关键点，仅采用两个层级的级联网络进行检测。第一层与内部关键点检测的作用一样，主要是获得轮廓的边界框；第二层直接预测 17 个关键点，没有从粗粒度到细粒度定位的过程，因为轮廓关键点的区域较大，若加上第三层和第四层会比较耗时间。最终面部 68 个关键点由两个级联 CNN 的输出叠加得到。

算法的主要创新点如下：

1）将人脸的关键点定位问题划分为内部关键点和轮廓关键点分开预测，有效避免了损失不均衡问题；

2）在内部关键点检测部分，并未像 DCNN 那样对每个关键点采用两个 CNN 进行预测，而是对每个器官采用一个 CNN 进行预测，从而减少计算量；

3）不同于 DCNN，没有直接采用人脸检测器返回的结果作为输入，而是增加一个边界框检测层（第一层），这可以大大提高关键点粗定位网络的精度。

（4）年龄和性别识别

年龄和性别可以分开进行识别。性别识别是个简单的二分类问题，使用 CNN 网络即可完成识别。对于年龄，可以将年龄划分为多个年龄段，每个年龄段相当于一个类别，将年龄识别问题转换为分类问题，同样可以使用 CNN 网络进行识别。

2. 步骤

下面是人脸关键点检测的步骤。

（1）目的

了解并掌握使用 Rock-X Python SDK 进行人脸检测、人脸对齐、人脸关键点检测、年龄和性别检测。

（2）环境

硬件环境：TB-RK3399Pro 一台，显示屏、键盘、鼠标、USB 摄像头各一个。

软件环境：Python 3.7 和 TensorFlow 1.14.0。

（3）步骤

运行命令 python3 rockx_face_analyze.py（按 q 键退出运行）。

（4）结果

根据输入的图像，Rock-X Python SDK 实现了人脸关键点检测。

（5）主要代码

```
1.  if __name__ == '__main__':
2.  # 参数解析
3.  parser = argparse.ArgumentParser(description="RockX Face Analyze Demo")
    parser.add_argument('-c', '--camera', help="camera index", type=int,
4.      default=0)
5.  parser.add_argument('-d', '--device', help="target device id", type=str)
    args = parser.parse_args()
6.
7.  # 创建 RockX 人脸检测句柄
8.  face_det_handle = RockX(RockX.ROCKX_MODULE_FACE_DETECTION, target_device =
        args.device)
9.  # 创建 RockX 人脸关键点句柄（68 点）
10. face_landmark68_handle = RockX(RockX.ROCKX_MODULE_FACE_LANDMARK_68,
        target_device=args.device)
11. # 创建 RockX 人脸关键点句柄（5 点）
12. face_landmark5_handle = RockX(RockX.ROCKX_MODULE_FACE_LANDMARK_5,
        target_device=args.device)
13. # 创建 RockX 人脸属性句柄
14. face_attr_handle = RockX(RockX.ROCKX_MODULE_FACE_ANALYZE,
        target_device=args.device)
15.
16. # 从摄像头获取 1280×720 像素的图像数据
17. cap = cv2.VideoCapture(args.camera) cap.set(3, 1280)
18. cap.set(4, 720) last_face_feature = None
19.
20. while True:
21. # 按帧读取图像
22. ret, frame = cap.read()
23. show_frame = frame.copy()
24. in_img_h, in_img_w = frame.shape[:2]
25. start = time.time()
26. # 使用 RockX 进行人脸检测
27. ret, results = face_det_handle.rockx_face_detect(frame, in_img_w, in_img_h,
        RockX.ROCKX_PIXEL_FORMAT_BGR888)
28. end = time.time()
29. print('face detect use: ', end - start)
30. index = 0
```

```
31. for result in results: start = time.time()
32. # 使用 RockX 检测人脸关键点（68 点）
33. ret, landmark = face_landmark68_handle.rockx_face_landmark(frame, in_img_w,
        in_img_h,
34. RockX.ROCKX_PIXEL_FORMAT_BGR888,
35. result.box)
36. end = time.time()
37. print('face landmark use: ', end - start)
38. # RockX 进行人脸对齐
39. ret, align_img = face_landmark5_handle.rockx_face_align(frame, in_img_w,
        in_img_h,
40. RockX.ROCKX_PIXEL_FORMAT_BGR888,
41. result.box, None)
42. # 使用 RockX 获取对齐后的人脸属性
43. ret, face_attribute =
44. face_attr_handle.rockx_face_attribute(align_img)
45. # 使用 RockX 获取人脸的旋转角度
46. ret, face_angle = face_landmark68_handle.rockx_face_pose(landmark)
47.
48. # 在图像上绘制人脸框
49.     cv2.rectangle(show_frame,
50. (result.box.left, result.box.top), (result.box.right, result.box.bottom),
        (0, 255, 0), 2)
51. # 在图像左上角绘制对齐后的人脸
52. if align_img is not None and index < 3:
53. show_align_img = cv2.cvtColor(align_img, cv2.COLOR_RGB2BGR)
        show_frame[10+112*index:10+112*index+112, 10:112+10] =
54. show_align_img
55. # 绘制人脸属性、性别和年龄
56. if face_attribute is not None:
57. cv2.putText(show_frame, "g:%d a:%d" % (face_attribute.gender,
        face_attribute.age), (result.box.left, result.box.top-10),
58. cv2.FONT_HERSHEY_SIMPLEX, 1, (0, 255, 0))
59.
60. # 绘制人脸关键点
61. for p in landmark.landmarks:
62. cv2.circle(show_frame, (p.x, p.y), 1, (0, 255, 0), 2)
63. index += 1
64.
65. # 显示结果图像
66. cv2.imshow('RockX Face Analyze - ' + str(args.device), show_frame)
67. # 按下 q 键退出
68. if cv2.waitKey(1) & 0xFF == ord('q'):
69. break
70.
71. # 释放资源
72. cap.release()
73. cv2.destroyAllWindows()
74.
```

```
75. face_det_handle.release()
76. face_landmark5_handle.release()
77. face_landmark68_handle.release()
78. face_attr_handle.release()
```

10.7　手指关键点检测

手部关键点检测旨在找出给定图片中手指上的关节点及指尖。它类似于面部关键点检测和人体关键点检测，不同之处是整个手部是作为一个目标物体的。手指关键点检测示意如图 10-10 所示。

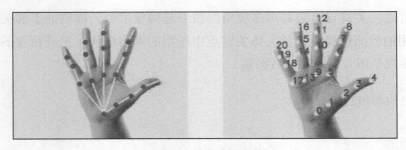

图 10-10　手指关键点检测

手部关键点检测的应用场景有手势识别、手语识别与理解、手部的行为识别等。

Rock-X Python SDK 实现的手指关键点检测模型主要是基于 CMU Perceptual Computing Lab 开源的手部关键点检测模型。手部关键点检测器的实现主要是基于 CVPR2017 的论文 "Hand Keypoint Detection in Single Images using Multiview Bootstrapping"[36]，其中，手指关键点检测流程如图 10-11 所示。

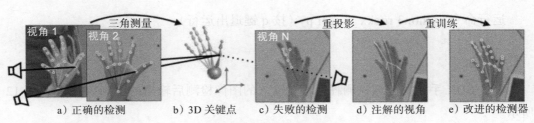

a）正确的检测　　b）3D 关键点　　c）失败的检测　　d）注解的视角　　e）改进的检测器

图 10-11　手指关键点检测流程[32]

该论文中，首先采用少量标注的人手部关键点图像数据集，训练类似于人体姿态关键点所使用的 CPM（Convolutional Pose Machines）网络，以得到手部关键点的粗略估计。采用了 31 个高清摄像头从不同的视角对人手部进行拍摄。

然后，将拍摄图像送入手部关键点检测器，以初步得到许多粗略的关键点检测结果。一旦有了同一手部不同视角的关键点，则构建关键点三角测量（Keypoint Triangulation），以得到关键点的 3D 位置。关键点的 3D 位置被从 3D 重新投影到每一幅不同视角的 2D 图片，并采用 2D 图像和关键点进一步训练网络，以保证对手部关键点位置预测的鲁棒性。这对于关键点难以预测的图片而言尤其重要。采用这种方式，通过少量几次迭代，即可得到较为准确的手部关键点检测器。

简而言之，关键点检测器和多视角图像一起构建了较为准确的手部关键点检测模型。采用的检测网络类似于人体关键点中所用的网络结构，提升精度的主要因素是采用了多视角图片标注图片数据集。

下面是检测过程。

（1）目的

了解并掌握使用 Rock-X Python SDK 进行手指关键点检测。

（2）环境

硬件环境：TB-RK3399Pro 一台，显示屏、键盘、鼠标、USB 摄像头各一个。

软件环境：Python 3.7 和 TensorFlow 1.14.0。

（3）步骤

运行命令 python3 rockx_finger.py（按 q 键退出运行）。

（4）结果

经过 SDK 手指关键点检测程序，对输入的图像检测后输出的检测结果如图 10-12 所示。

图 10-12 手指关键点实验结果

（5）主要代码

```
1. if __name__ == '__main__':
2. # 参数解析
3. parser = argparse.ArgumentParser(description="RockX Finger Demo") parser.
      add_argument('-c', '--camera', help="camera index", type=int,
4. default=0)
5. parser.add_argument('-d', '--device', help="target device id", type=str)
      args = parser.parse_args()
6.
7. # 创建 RockX 手指关键点句柄
8. pose_finger_handle = RockX(RockX.ROCKX_MODULE_POSE_FINGER_21, target_
      device=args.device)
9.
10. # 从摄像头获取 1280 像素 ×720 像素的图像
11. cap = cv2.VideoCapture(args.camera) cap.set(3, 1280)
12. cap.set(4, 720) last_face_feature = None
13.
14. while True:
15. # 按帧读取图像
16. ret, frame = cap.read()
17. in_img_h, in_img_w = frame.shape[:2]
18.
19. # 使用 RockX 进行手指关键点识别
20. ret, result = pose_finger_handle.rockx_pose_finger(frame, in_img_w, in_
      img_h, RockX.ROCKX_PIXEL_FORMAT_BGR888)
21. # 在图像上绘制关键点
22. for p in result.points:
23. cv2.circle(frame, (p.x, p.y), 3, (0, 255, 0), 3)
24. # 使用线条连接对应的关键点
25. for pairs in RockX.ROCKX_POSE_FINGER_21_KEYPOINTS_PAIRS: pt1 = result.
    points[pairs[0]]
```

```
26. pt2 = result.points[pairs[1]]
27. if pt1.x <= 0 or pt1.y <= 0 or pt2.x <= 0 or pt2.y <= 0: continue
28. cv2.line(frame, (pt1.x, pt1.y), (pt2.x, pt2.y), (255, 0, 0), 2)
29.
30. # 显示结果图像
31. cv2.imshow('RockX Finger - ' + str(args.device), frame)
32. # 按下 q 键退出
33. if cv2.waitKey(10) & 0xFF == ord('q'):
34. break
35. # 释放资源
36. cap.release()
37. cv2.destroyAllWindows()
38. pose_finger_handle.release()
```

10.8　人脸识别

1. 识别流程

Rock-X Python SDK 中的人脸识别流程主要包含人脸采集、人脸检测、人脸对齐、人脸特征提取和人脸识别。

（1）人脸采集

将待采集的人脸进行拍照，并以名字作为文件名。

（2）人脸检测

使用 SSD 算法检测出人脸区域，得到人脸边界框。

（3）人脸对齐

使用 O-Net 算法获取 5 个人脸关键点，再使用 OpenCV 进行仿射变化对齐。

（4）人脸特征提取

使用 ResNet 计算人脸特征，并保存到数据库 face.db 中，用于后续的人脸识别对比。

（5）人脸识别

计算人脸特征信息与数据库 face.db 中人脸的欧式距离，当距离小于某个阈值时即可认为已正确识别并输出人脸的名字。

2. 实现过程

下面是使用 Rock-X Python SDK 进行人脸识别的过程。

（1）目的

了解并掌握使用 Rock-X Python SDK 进行人脸识别。

（2）环境

硬件环境：TB-RK3399Pro 一台，显示屏、键盘、鼠标、USB 摄像头各一个。

软件环境：Python 3.7 和 TensorFlow 1.14.0。

（3）步骤

1）人脸采集。运行命令 python3 get_face_picture.py，按空格键采集人脸，桌面将会出现弹窗，选择保存路径并输入名字，将人脸图片保存到 face_picture 目录下，其中 AAA 为人的名字，如图 10-13 所示。每个人采集一张正脸即可。

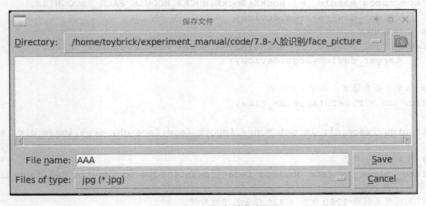

图 10-13　人脸采集界面

2）将人脸图片打包到数据库 face.db 中，用于下一步的人脸识别。

```
python3 rockx_face_recog.py -b face.db -i face_picture/
```

3）使用 face.db 数据库进行人脸识别。

```
python3 rockx_face_recog.py -b face.db
```

（4）主要代码

```
1.  if __name__ == '__main__':
2.  # 参数解析
3.  parser = argparse.ArgumentParser(description="RockX Face Recognition Demo")
    parser.add_argument('-c', '--camera', help="camera index", type=int,
4.      default=0)
5.  parser.add_argument('-b', '--db_file', help="face database path",
        required=True)
6.  parser.add_argument('-i', '--image_dir', help="import image dir")
    parser.add_argument('-d', '--device', help="target device id", type=str)
    args = parser.parse_args()
7.
8.  print("camera=", args.camera) print("db_file=", args.db_file)
    print("image_dir=", args.image_dir)
9.
10. # 创建 RockX 人脸检测句柄
11. face_det_handle = RockX(RockX.ROCKX_MODULE_FACE_DETECTION,
        target_device=args.device)
12. # 创建 RockX 人脸关键点（5 点）用于人脸对齐
13. face_landmark5_handle = RockX(RockX.ROCKX_MODULE_FACE_LANDMARK_5,
        target_device=args.device)
14. # 创建 RockX 人脸识别句柄
15. face_recog_handle = RockX(RockX.ROCKX_MODULE_FACE_RECOGNIZE,
        target_device=args.device)
16. # 创建 RockX 人脸追踪句柄
17. face_track_handle = RockX(RockX.ROCKX_MODULE_OBJECT_TRACK,
        target_device=args.device)
18.
19. # 加载人脸数据库，用于人脸比对
    face_db = FaceDB(args.db_file)
20.
21. if args.image_dir is not None: import_face(face_db, args.image_dir) exit(0)
22.
23. # 从数据库加载人脸
24. face_library = face_db.load_face() print("load %d face" % len(face_library))
25.
26. # 从摄像头获取 1280 像素 ×720 像素的图像数据
27. cap = cv2.VideoCapture(args.camera) cap.set(3, 1280)
28. cap.set(4, 720) last_face_feature = None
29.
30. while True:
31. # 按帧读取图像
32. ret, frame = cap.read()
```

```
33. show_frame = frame.copy()
34. in_img_h, in_img_w = frame.shape[:2]
35. # 获取人脸检测的结果
36. ret, results = face_det_handle.rockx_face_detect(frame, in_img_w, in_img_h,
        RockX.ROCKX_PIXEL_FORMAT_BGR888)
37.
38. # 追踪人脸
39. ret, results = face_track_handle.rockx_object_track(in_img_w, in_img_h, 3, results)
40.
41. index = 0
42. for result in results:
43. # 人脸对齐
44. ret, align_img = face_landmark5_handle.rockx_face_align(frame, in_img_w,
        in_img_h,
45.
46. RockX.ROCKX_PIXEL_FORMAT_BGR888,
47. result.box, None)
48.
49. # 获取人脸特征
50. if ret == RockX.ROCKX_RET_SUCCESS and align_img is not None: ret, face_
        feature =
51. face_recog_handle.rockx_face_recognize(align_img)
52.
53. # 按照人脸特征比对数据库中的人脸
54. if ret == RockX.ROCKX_RET_SUCCESS and face_feature is not None: target_name,
        diff, target_face = search_face(face_library,
55. face_feature)
56. print("target_name=%s diff=%s", target_name, str(diff))
57.
58. # 在图像上绘制人脸框
59. cv2.rectangle(show_frame, (result.box.left, result.box.top), (result.box.
        right, result.box.bottom), (0, 255, 0), 2)
60. # 图像左上角显示对齐后的人脸
61. if align_img is not None and index < 3:
62. show_align_img = cv2.cvtColor(align_img, cv2.COLOR_RGB2BGR) show_frame[(10
        +112*index):(10+112*index+112), 10:(112+10)] =
63. show_align_img
64.
65. # 显示匹配到的数据人脸图像名字
        show_str = str(result.id)
66. if target_name is not None:
67. show_str += str.format(" - {name}", name=target_name)
68.
69. # 在左上角显示数据库中匹配到的人脸
70. if target_face is not None and 'image' in target_face.keys() and target_face
        ['image'] is not None and index < 3:
71. face_img = cv2.cvtColor(target_face['image'], cv2.COLOR_RGB2BGR) show_fram
        e[(10+112*index):(10+112*index+112), 132:(112+132)] =
72. face_img
```

```
73.
74. # 在图像上显示匹配信息
75. cv2.putText(show_frame, show_str, (result.box.left, result.box.top- 12),
76. cv2.FONT_HERSHEY_SIMPLEX, 1, (0, 255, 0))
77.
78. index += 1
79. # 显示结果图像
80. cv2.imshow('RockX Face Recog - ' + str(args.device), show_frame)
81. # 按下 q 键退出
82. if cv2.waitKey(1) & 0xFF == ord('q'):
83. break
84.
85. # 释放资源
86. cap.release()
87. cv2.destroyAllWindows()
88.
89. face_det_handle.release()
```

10.9   本章小结

Rock-X SDK 是基于 RK3399Pro 和 RK1808 的一组快捷 AI 组件库，开发者仅需调用几条 API 即可在嵌入式产品中离线使用这些功能，而无须关心 AI 模型的部署细节，从而极大加速了产品的原型验证和开发部署。

Rock-X API 组件库包含人脸检测、人脸识别、活体检测、人脸属性分析、人脸关键点检测、人头检测、人体骨骼关键点检测、手指关键点检测、人车物检测等功能。本章重点介绍了 API 提供的这些功能，并介绍如何在开发板上利用这些功能进行深度学习案例的开发。

第 11 章

TB-RK3588X 开发板

TB-RK3588X 采用瑞芯微最新旗舰 SoCRK3588。RK3588 是一颗高性能、低功耗的应用处理器芯片，专为 ARM PC、边缘计算、个人移动互联网设备和其他多媒体应用而设计。瑞芯微 RK3588 芯片的 8nm 制程在保证性能的同时兼具能效，其 8K 等编解码能力可以轻松应对 AR/VR 图像视频，将是移动端平台的有力角逐者。除此之外，瑞芯微 RK3588 的 6 TOPS AI 算力，使其在智能座舱芯片中具备显著优势。RK3588 对神经网络的加速也是基于 RKNN-Toolkit 的，相关网络加速应用案例参见第 8 ～ 10 章。本章将对 TB-RK3588X 开发板的硬件环境和软件开发进行介绍。

11.1　开发板硬件环境介绍

TB-RK3588X 采用核心板与底板的形式，核心板通过 MXM314Pin 标准接口与底板连接，可构成完整的行业主板，扩展接口丰富，极大限度地发挥 RK3588 高性能优势，可直接用于各种智能产品开发，加快产品落地。下面将从产品简介、芯片架构、系统框图和硬件规格四个方面对 TB-RK3588X 开发板进行简单介绍。

11.1.1　产品简介

TB-RK3588X 开发板采用 ARM 架构的通用型 SoC，集成了四核 Cortex-A76 和四核 Cortex-A55 CPU、G610 MP4 GPU 以及 6 TOPS 算力的 NPU。TB-RK3588X 开发板内置多种功能强大的嵌入式硬件引擎，支持 8K@60fps 的 H.265 和 VP9 解码器、

8K@30fps 的 H.264 解码器和 4K@60fps 的 AV1 解码器，支持 8K@30fps 的 H.264 和 H.265 编码器、高质量的 JPEG 编码器 / 解码器、专门的图像预处理器和后处理器。它还引入了新一代完全基于硬件的最高 4800 万像素的 ISP（图像信号处理器），实现了许多算法加速器，如 HDR、3A、LSC、3DNR、2DNR、锐化、dehaze、鱼眼校正、伽马校正等，在图形后期处理方面拥有广泛应用。TB-RK3588X 开发板集成了瑞芯微自研的第三代 NPU，可支持 INT4、INT8、INT16、FP1 混合运算，其具有强大的兼容性，可以轻松转换基于 TensorFlow、MXNet、PyTorch、Caffe 等一系列框架的网络模型。TB-RK3588X 开发板的接口信息如图 11-1 所示。

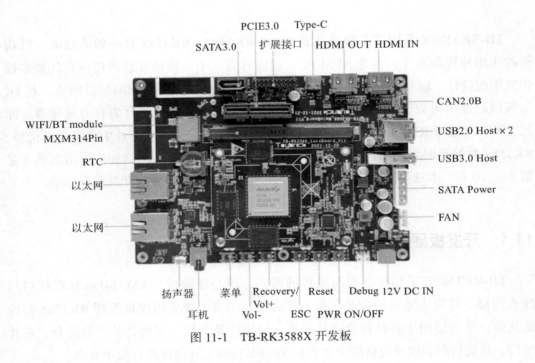

图 11-1　TB-RK3588X 开发板

总的来说，TB-RK3588X 开发板具有以下四大优势：

1）搭载 RK3588 高性能 SoC，集成了四核 Cortex-A76 和四核 Cortex-A55 CPU，主频高达 2.4GHz；

2）NPU 算力高达 6 TOPS，支持 INT4、INT8、INT16、FP16 混合运算，满足大多数人工智能模型的算力需求；

3）强大的编解码能力，最高支持 8K@60fps；

4）丰富的接口类型，满足行业应用开发需求。

11.1.2　芯片架构

RK3588 的芯片架构如图 11-2 所示。

图 11-2　RK3588 芯片架构

11.1.3　系统框图

TB-RK3588X 开发板的系统框图如图 11-3 所示。

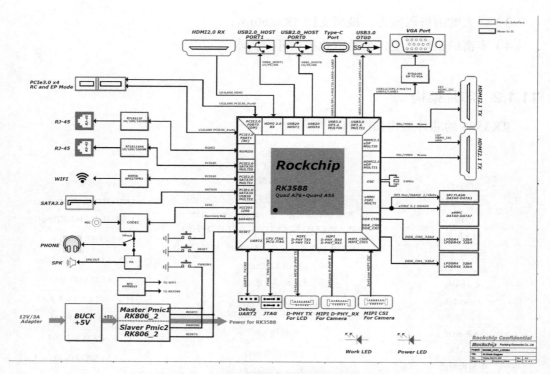

图 11-3 TB-RK3588X 开发板的系统框图

11.1.4 硬件规格

TB-RK3588X 的核心板规格参数和底板规格参数分别如表 11-1 和表 11-2 所示。

表 11-1 TB-RK3588X 核心板规格参数

规格类别	参数说明
主控芯片	瑞芯微 RK3588
CPU	四核 Cortex-A76 和四核 Cortex-A55，主频高达 2.4 GHz
GPU	Mali-G610，支持 OpenGL ES 3.2/OpenCL 2.2/Vulkan 1.1，内嵌高性能 2D、3D 加速硬件
NPU	支持 6.0TOPS 算力，支持 INT4、INT8、INT16、FP16 运算
VPU	视频解码： ❏ H.265/AVS2/VP9，8bit/10bit，8K@60fps ❏ H.264/AV1，8bit/10bit，8K@30fps ❏ 更低分辨率的并行多通道解码器（4K、1080p、720p 等） 视频编码： ❏ H.265/H.264，8K@30fps ❏ 更低分辨率的并行多通道编码器（1080p、720p 等） 多格式视频解码器彩优化 ❏ VP8/AVS1/AVS1+/MPEG-4 格式的 1080P@60fps 视频解码器

（续）

规格类别	参数说明
内存	可选 8 GB 或 16 GB
闪存	32 GB
输入电源	12 V/2 A
系统支持	Android、Linux
PCB 规格	8 层板
核心板尺寸	82 mm × 70 mm
接口类型	MXM314Pin

表 11-2　TB-RK3588X 底板规格参数

规格类型	参数说明
显示接口	1 × HDMI2.0（Type-A）接口，支持 8K/60fps 输出 1 × MIPI 接口，支持 4K@60fps 1 × eDP 接口，支持 4K@60fps 1 × DP 接口，支持 8K@30fps 1 × HDMI 输入接口，支持 4K@60fps
音频接口	1 × HDMI 音频输出接口 1 × 喇叭输出接口 1 × 耳机口 1 × 麦克风，板载音频输入接口
以太网	2 × GMAC（10/100/1000MB）
无线网络	SDIO 接口，支持 Wi-Fi6 5G/2.5G、蓝牙 4.2
摄像头接口	2 × MIPI-CSI0，2 × 4 通道 /2 × 2 × 2 通道 @2.5Gbit/s/ 通道
USB	2 × USB 2.0 Host，Type-A 1 × USB 3.0 Host，Type-A 1 × USB 3.0 OTG
SATA	1 × SATA 3.0 连接器
PCIe	1 × 双通道 PCIe 3.0
CAN	1 × CAN2.0B
按键	1 × Menu 键 1 × Reset 键 1 × Power ON/OFF 键 1 × Recovery 键 1 × ESC 键
调试	1 × 调试串口
RTC	1 × RTC
1 扩展接口	20Pin 扩展接口包括： ❑ 1 × ADC 接口 ❑ 13 × GPIO 口（可以复用为 I2C/UART/SPI/PWM/CAN） ❑ 3 × VCC 电源（12 V、3.3 V、5 V）
底板尺寸	160 mm × 113 mm
PCB 规格	6 层板

11.2 开发板软件开发介绍

本节将从开机启动、固件升级、搭建系统环境、编译配置等 9 个小节为 TB-RK3588X 软件开发提供快速入门指导。

11.2.1 开机启动

开机方法：使用 12V/2A 直流电供电，打开电源总开关，等待进入 Debian 界面，表示默认固件启动成功。

11.2.2 固件升级

1. USB 驱动安装

在提供的工具文件夹里面找到 DriverAssistant_v5.1.1，双击 DriverInstall.exe 文件，再单击"驱动安装"按钮，等待提示安装驱动成功即可。如果已安装旧驱动，请单击"驱动卸载"按钮，并重新安装驱动。

2. 固件升级方式

Loader 的升级方式如下。

1）将 Type-C 口连接到 PC 端，按住主板的 Vol+/Recovery 键不放。

2）开发板供电电压为 12 V，若已经上电，按下复位键。

3）烧写工具显示"发现一个 Loader 设备"后，释放 Vol+/Recovery 键。在图 11-4 中的工具矩形区域，右击并在弹出窗口中选择"导入配置"选项，然后找到固件路径，选择 config 文件。

4）在烧写工具中选择 Loader、Parameter、Uboot 等文件。

5）单击"执行"按钮即进入升级状态，工具的右侧为进度显示栏，显示下载进度与校验情况。

MaskRom 的升级方式如下。

1）将 Type-C 口连接到 PC 端，按住主板的 MaskRom 键不放。

2）开发板供电电压为 12 V，若已经上电，按下复位键。

3）烧写工具显示"发现一个 MaskRom 设备"后，释放 MaskRom 键。在工具矩形区域，右击并在弹出窗口中选择"导入配置"选项，然后找到固件路径，选择 config.cfg 文件。

4）在烧写工具中选择 Loader、Parameter、Uboot 等文件。

5）单击"执行"按钮即进入升级状态，工具的右侧为进度显示栏，显示下载进度与校验情况。

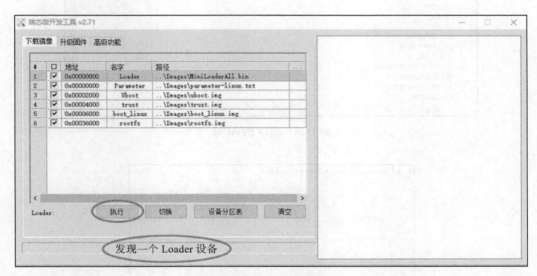

图 11-4　固件 Loader 升级方式

3. 串口调试

将开发板的 MINI USB Debug 调试接口连接到 PC 端，在 PC 端设备管理器中得到当前端口 COM 号，如图 11-5 所示。

打开串口工具，在"快速连接"界面下，先选择串口，再选择对应的串口号，将比特率改为 150 000（RK3588 默认支持 150 000 比特率），并且在"流量控制"字段选择 none 关闭流量控制，最后点击 New open 按钮，即可进入串口调试界面（见图 11-6）。

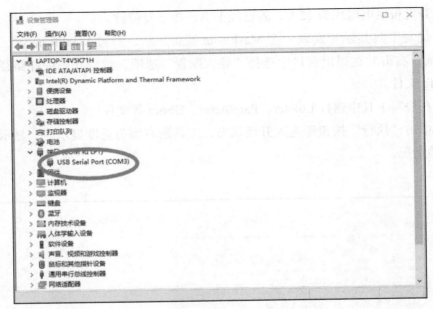

图 11-5　端口 COM 号

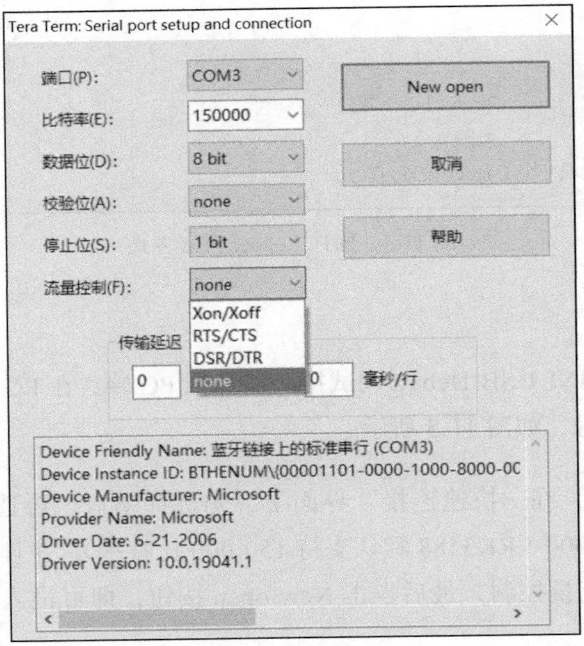

图 11-6　串口调试配置

11.2.3　搭建系统环境

1. 系统要求

❑ Ubuntu 18.04 及以上和 Debian 11 版本，内存推荐 16 GB 及以上。

❑ 系统的用户名中不能有中文字符。

❑ 只能使用普通用户搭建开发环境。

2. 安装编译依赖基础软件

```
sudo apt -y install coreutils qemu qemu-user-static \
python3 qumu-user-binfmt
```

3. 获取源码

1）从 FAE 获取 RK3588_EDGE_SDK 软件包并解压到工作目录。

2）从 FAE 获取原生 Debian 11 GNOME 桌面的镜像压缩文件并复制到 rootfs 目录，即 ~/work/edge/rootfs/images/aarch64/ 下（注意：不需要解压）。

11.2.4　编译配置

1. 设置配置信息

执行如下命令，输入产品型号 TB-RK3588X0 的序号 1。

```
./edge set
[EDGE DEBUG] Board list:
> rk3588
    0. RK3588-EVB1
    1. TB-RK3588X0
    2. RK3588-IR88MX01
    3. RK3588-MY-PRODUCT
    4. RK3588s-MY-PRODUCT
> rk3568
    5. TB-RK3568X0
Enter the number of the board: 3
```

2. 查看配置信息

执行如下命令，查看当前配置信息：

```
./edge env
[EDGE DEBUG] root path: /home/toybrick/work/edge
```

```
[EDGE DEBUG] out path: /home/toybrick/work/edge/out/rk3588/RK3588-MY-
PRODUCT/images
[EDGE DEBUG] board: RK3588-MY-PRODUCT
[EDGE DEBUG] chip: rk3588
[EDGE DEBUG] arch: arm64
[EDGE DEBUG] > Partition:
[EDGE DEBUG]    uboot: ['0x00002000', '0x00002000']
[EDGE DEBUG]    trust: ['0x00004000', '0x00002000']
[EDGE DEBUG]    resource: ['0x00006000', '0x00002000']
[EDGE DEBUG]    boot_linux:bootable: ['0x00008000', '0x00030000']
[EDGE DEBUG]    rootfs:grow: ['0x00038000', '-']
[EDGE DEBUG] > Uboot:
[EDGE DEBUG]    config: rk3588-toybrick
[EDGE DEBUG] > Kernel:
[EDGE DEBUG]    version: 5.10
[EDGE DEBUG]    uuid: a2d37d82-51e0-420d-83f5-470db993dd35
[EDGE DEBUG]    config: rockchip_linux_defconfig
[EDGE DEBUG]    dtbname: rk3588s-my-product-linux
[EDGE DEBUG]    initrd: True
[EDGE DEBUG]    docker: False
[EDGE DEBUG]    debug: 0xfeb50000
[EDGE DEBUG] > Rootfs:
[EDGE DEBUG]    osname: debian
[EDGE DEBUG]    version: 11
[EDGE DEBUG]    alias: bullseye
[EDGE DEBUG]    type: gnome
[EDGE DEBUG]    uuid: 614e0000-0000-4b53-8000-1d28000054a9
[EDGE DEBUG]    user: toybrick
[EDGE DEBUG]    password: toybrick
[EDGE DEBUG]    size: 6G
```

3. 配置信息说明

❑ root path：SDK 的工作路径，由 edge 工具自动生成，无须配置。

❑ out path：编译镜像输出路径，由 edge 工具自动生成，无须配置。

❑ board：产品型号，由 vendor 目录下的 config.json 指定。

❑ chip：芯片型号，可选为 rk3588 或 rk3568，由 vendor 目录下的 config.json 指定。

❑ arch：芯片架构，由 vendor 目录下的 config.json 指定。

❑ Partition：系统的分区信息，包括分区名、起始地址和分区大小（起始地址和分区大小的单位为 block，每个 block 的大小为 512 字节）；由 vendor 目录下的 config.json 指定。

■ uboot：uboot 分区，分区大小为 4MB，必选。

■ trust：trust 分区，RK3588 的 trust 和 uboot 合并为 uboot，此分区保留。

- resource：resource 分区，保存启动加载 LOGO 文件，必选。
- boot_linux：内核镜像分区，分区大小为 64MB 或以上，必选。
- rootfs：根文件系统分区，必选。
❑ Uboot：uboot 的配置信息。

config：uboot 编译的 config，由 vendor 目录下的 config.json 指定。

❑ Kernel：Kernel 的配置信息。
- version：内核版本号。
- uuid：内核分区（boot_linux）的 uuid 值，不可修改。
- config：内核 menuconfig 配置，由 vendor 目录下的 config.json 指定。
- dtbname：产品 / 开发板的内核设备树文件名。
- initrd：是否加载 initrd.img，由 vendor 目录下的 config.json 指定。
  说明：启用 initrd 的优点是每次启动时都会检查并修复由于异常断电导致的文件系统损坏，缺点是启动会变慢。
- docker：是否需要支持 Docker，支持 Docker 会增加不少 config 配置项；由 vendor 目录下的 config.json 指定。
❑ Rootfs：rootfs 的配置信息。
- osname：操作系统的名字，可选为 debian；由 vendor 目录下的 config.json 指定。
- version：操作系统的版本号，可选为 11；由 vendor 目录下的 config.json 指定。
- alias：操作系统的别名，可选为 bullseye；由 vendor 目录下的 config.json 指定。
- type：操作系统的类型，可选为 server、gnome、kde、lxde；由 vendor 目录下的 config.json 指定。
- uuid：根文件行分区（rootfs）的 uuid 值，不可修改。
- user：制作根文件系统的默认用户名，由 vendor 目录下的 config.json 指定。
- password：制作根文件系统的默认用户密码，由 vendor 目录下的 config.json 指定。
- size：制作根文件系统的大小。如果是桌面版本，建议为 6GB，如果是 server 版本，可以设置为 2GB。由 vendor 目录下的 config.json 指定。

11.2.5　镜像编译

1. 一键编译

执行如下命令编译所有镜像并打包 update.img，保存在 OUT 目录：

```
./edge build -a
./edge build -aP
```

说明：参数 P 表示先打上 patches 目录下的补丁再编译。

2. 生成分区文件

执行如下命令生成 parameter.txt，保存在 OUT 目录：

```
./edge build -p
```

3. 编译 Uboot 镜像

执行如下命令编译生成 MiniLoaderAll.bin 和 uboot.img 镜像，保存在 OUT 目录：

```
./edge build -u
./edge build -uP
```

说明：参数 P 表示先打上 patches/uboot 目录下的补丁再编译。

4. 编译 kernel 镜像

执行如下命令编译生成 boot_linux.img 和 resource.img，保存在 OUT 目录：

```
./edge build -k
./edge build -kP
```

说明：参数 P 表示先打上 patches/kernel/linux-5.10 目录下的补丁再编译。

5. 制作 rootfs 镜像

执行如下命令编译生成 rootfs.img，保存在 OUT 目录：

```
./edge build -r
```

说明：edge 会调用 vendor/common/pre-install/install.sh 脚本安装必要的软件包。如果需要安装额外的软件包，请修改这个文件。

6. 打包 update 镜像

执行如下命令打包所有镜像，生成 update.img，保存在 OUT 目录：

```
./edge build -U
```

7. 查看帮助

查看支持的编译参数：

```
./edge build -h
```

11.2.6　Linux 系统下烧写镜像

1. 烧写所有镜像

烧写所有镜像，包括 MiniLoaderAll.bin、uboot.img、resource.img、boot_linux.img 和 rootfs.img。

```
./edge flash -a
```

2. 烧写 uboot 镜像

烧写镜像 uboot.img。

```
./edge flash -u
```

3. 烧写 kernel 镜像

烧写镜像 boot_linux.img 和 resource.img。

```
./edge flash -k
```

4. 烧写文件系统镜像

烧写镜像 rootfs.img。

```
./edge flash -r
```

说明：编译文件系统镜像过程中会调用 /vendor/common/pre-install/install.sh 脚本安装相关软件包和修改系统配置。用户如果有额外需求，可自行修改此脚本。

5. 查询烧写状态

查询烧写状态，包括 none、Loader 或 MaskRom。

```
./edge flash -q
```

6. 查看帮助

查看支持的烧写参数：

```
./edge flash -h
```

11.2.7   Windows 系统下烧写镜像

打开 tools\RKDevTool_Release_v2.84 目录下的 RKDevTool.exe，选中要烧写的固件即可。

说明：烧写镜像的路径指向 out/Images，其自动链接到 OUT 目录。

11.2.8   常见问题

1）制作根文件系统时出错，提示出错信息：chroot: failed to run command '/pre-install/install.sh': Exec format error。

解决办法：安装 qemu, qemu-user-static。

2）制作根文件系统时进度条卡住不动。

解决办法：原因是安装的软件包的大小超过配置信息里 rootfs 子集 size 设置的大小（默认值：6GB），需要修改 size 的值。

11.2.9   RKNN 开发指南

1. RKNN-Toolkit2

RKNN-Toolkit2 是为用户提供在 PC、Rockchip NPU 平台上进行模型转换、推理和性能评估的开发套件。工具及文档可通过链接 https://github.com/rockchip-linux/rknn-toolkit2 下载。

2. RKNPU2

RKNN SDK 为带有 Rockchip RKNPU 的芯片平台提供 C 编程接口，能够帮助用户部署使用 RKNN-Toolkit2 导出的 RKNN 模型，加速 AI 应用的落地。

RKNN SDK 开发文档可通过如下链接 https://github.com/rockchip-linux/rknpu2 下载。

在 Debian 11 系统中已经预装了 RKNPU 开发包，执行如下命令升级到最新版本：

```
sudo apt update
sudo apt -y upgrade
```

11.3   本章小结

本章主要介绍 TB-RK3588X 开发板。TB-RK3588X 开发板采用瑞芯微最新旗舰 SoCRK3588，专为 ARM PC、边缘计算、个人移动互联网设备和其他多媒体应用而设计。本章首先从硬件环境开始，介绍了 TB-RK3399X 开发板的芯片架构、系统框图和硬件规格，然后介绍了 TB-RK3588X 开发板的软件开发过程，为使用者提供快速入门指导。

参 考 文 献

[1] 林永青 . 人工智能起源处的 "群星" [J]. 金融博览 ,2017 (9): 46-47.

[2] 张莉 . "深蓝" 幕后成员访问北京 [J]. 金融科技时代 ,199,(5): 41-41.

[3] 张楠 . "阿尔法狗" 横扫李世石 人类在谈论什么 [J]. 计算机与网络 , 2016(16): 16-17.

[4] WANG P, XU J M, XU B, et al. Semantic clustering and convolutional neural network for short text categorization[C]//Association for Computational Linguistics. Proceedings of the 53rd Annual Meeting of the Association for Computational Linguistics and the 7th International Joint Conference on Natural Language Processing, Volume 2: Short Papers. Cambridge: MIT Press, 2015: 352-357.

[5] DEVLIN J, CHANG M W, LEE K, et al. BERT: Pre-training of Deep Bidirectional Transformers for Language Understanding[C]//Association for Computational Linguistics. Proceedings of the 2019 Conference of the North American Chapter of the Association for Computational Linguistics: Human Language Technologies, Volume 1. Cambridge: MIT Press，2019: 4171–4186.

[6] KINGMA D P, BA J. Adam: A method for stochastic optimization[C]//ICLR. Proceedings of the 3rd International Conference on Learning Representations. San Diego: ICLR, 2015: 1-15.

[7] RUDER S. An overview of gradient descent optimization algorithms[J]. arXiv preprint, 2016, arXiv:1609.04747.

[8] ZHANG A, LIPTON Z C, LI M, et al. Dive into deep learning[J]. arXiv preprint, 2021, arXiv:2106.11342.

[9] HORNIK K. Approximation capabilities of multilayer feedforward networks[J]. Neural Networks, 1991, 4(2): 251-257.

[10] RUMELHART D E, HINTON G E, WILLIAMS R J. Learning representations by back-propagating errors[J]. Nature, 1986, 323(6088): 533-536.

[11] KRIZHEVSKY A, SUTSKEVER I, HINTON G. ImageNet Classification with Deep Convolutional Neural Networks[J]. Advances in neural information processing systems, 2012, 25(2).

[12] YU F, KOLTUN V. Multi-Scale Context Aggregation by Dilated Convolutions[C]//ICLR. Proceedings

of the 4th International Conference on Learning Representations. San Juan: ICLR, 2016: 1-13.

[13] DAI J F, QI H Z, XIONG Y W, et al. Deformable convolutional networks[C]//ICCV. Proceedings of the IEEE international conference on computer vision. Manhattan: IEEE, 2017: 764-773.

[14] LECUN Y, BOTTOU L, BENGIO Y, et al. Gradient-based learning applied to document recognition[J]. Proceedings of the IEEE, 1998, 86(11): 2278-2324.

[15] HE K M, ZHANG X Y, REN S Q, et al. Deep residual learning for image recognition[C]//IEEE. Proceedings of the IEEE conference on computer vision and pattern recognition. Manhattan: IEEE, 2016: 770-778.

[16] REDMON J, FARHADI A. Yolov3: An incremental improvement[J]. arXiv preprint, 2018, arXiv: 1804.02767.

[17] VASWANI A, SHAZEER N, PARMAR N, et al. Attention is all you need[J]. In Advances in Neural Information Processing Systems, 2017, 5998–6008.

[18] SHAW P, USZKOREIT J, VASWANI A. Self-attention with relative position representations[C]// Association for Computational Linguistics. Proceedings of the 2018 Conference of the North American Chapter of the Association for Computational Linguistics: Human Language Technologies, Volume 2 (Short Papers). Cambridge: MIT Press, 2018: 464–468.

[19] GEHRING J, AULI M, GRANGIER D, et al. Convolutional sequence to sequence learning[C]// PMLR. International conference on machine learning. Westminster: PMLR, 2017: 1243-1252.

[20] MIKOLOV T, CHEN K, CORRADO G, et al. Efficient Estimation of Word Representations in Vector Space[C]//ICLR. Proceedings of the 1st International Conference on Learning Representations. Scottsdale: ICLR, 2013: 1-12.

[21] SRIVASTAVA N, HINTON G, KRIZHEVSKY A, et al. Dropout: A Simple Way to Prevent Neural Networks from Overfitting[J]. Journal of Machine Learning Research, 2014, 15(1):1929-1958.

[22] LI W B, LIEWIG M. A survey of AI accelerators for edge environment[C]//WorldCIST. World Conference on Information Systems and Technologies. Cham: Springer, 2020: 35-44.

[23] TANG X H, HAN S H, ZHANG L L, et al. To bridge neural network design and real-world performance: A behaviour study for neural networks[J]. Proceedings of Machine Learning and Systems, 2021, 3: 21-37.

[24] DENG L. The mnist database of handwritten digit images for machine learning research [best of the web][J]. IEEE signal processing magazine, 2012, 29(6): 141-142.

[25] REDMON J, DIVVALA S, GIRSHICK R, et al. You only look once: Unified, real-time object detection[C]//IEEE. Proceedings of the IEEE conference on computer vision and pattern recognition. Manhattan: IEEE, 2016: 779-788.

[26] ZHANG K P, ZHANG Z P, LI Z F, et al. Joint face detection and alignment using multitask cascaded convolutional networks[J]. IEEE signal processing letters, 2016, 23(10): 1499-1503.

[27] SCHROFF F, KALENICHENKO D, PHILBIN J. Facenet: A unified embedding for face recognition and clustering[C]//IEEE. Proceedings of the IEEE conference on computer vision and pattern recognition. Manhattan: IEEE, 2015: 815-823.

[28] KUDO T. Subword regularization: Improving neural network translation models with multiple subword candidates[C]//Association for Computational Linguistics. Proceedings of the 56th Annual Meeting of the Association for Computational Linguistics. Cambridge: MIT Press, 2018: 66-75.

[29] LIN T Y, MAIRE M, BELONGIE S, et al. Microsoft coco: Common objects in context[C]//ECCV. European conference on computer vision. Cham: Springer, 2014: 740-755.

[30] LIU W, ANGUELOV D, ERHAN D, et al. Ssd: Single shot multibox detector[C]//ECCV. European conference on computer vision. Cham: Springer, 2016: 21-37.

[31] GIRSHICK R, DONAHUE J, DARRELL T, et al. Rich feature hierarchies for accurate object detection and semantic segmentation[C]//IEEE. Proceedings of the IEEE conference on computer vision and pattern recognition. Manhattan: IEEE, 2014: 580-587.

[32] GIRSHICK R. Fast r-cnn[C]//IEEE. Proceedings of the IEEE international conference on computer vision. Manhattan: IEEE, 2015: 1440-1448.

[33] REN S Q, HE K M, GIRSHICK R, et al. Faster r-cnn: Towards real-time object detection with region proposal networks[J]. Advances in neural information processing systems. 2015, 28.

[34] HE K M, GKIOXARI G, DOLLÁR P, et al. Mask r-cnn[C]//IEEE. Proceedings of the IEEE international conference on computer vision. Manhattan: IEEE, 2017: 2961-2969.

[35] XU Z B, YANG W, MENG A, et al. Towards end-to-end license plate detection and recognition: A large dataset and baseline[C]//ECCV. Proceedings of the European conference on computer vision. Cham: Springer, 2018: 255-271.

[36] SIMON T, JOO H, MATTHEWS I, et al. Hand keypoint detection in single images using multiview bootstrapping[C]//IEEE. Proceedings of the IEEE conference on Computer Vision and Pattern Recognition. Manhattan: IEEE, 2017: 1145-1153.